中央高校教育教学改革基金（本科教学工程）
"复杂系统先进控制与智能自动化"高等学校学科创新引智计划　联合资助
中国地质大学（武汉）"双一流"建设经费

自动控制原理 MATLAB 仿真实验指导书

ZIDONG KONGZHI YUANLI MATLAB FANGZHEN SHIYAN ZHIDAOSHU

袁　艳　编

中国地质大学出版社
ZHONGGUO DIZHI DAXUE CHUBANSHE

图书在版编目(CIP)数据

自动控制原理 MATLAB 仿真实验指导书/袁艳编. —武汉:中国地质大学出版社,2020.11 (2022.11重印)

ISBN 978-7-5625-4950-5

Ⅰ.①自…
Ⅱ.①袁…
Ⅲ.①Matlab 软件-应用-自动控制系统-系统仿真-高等学校-教学参考资料
Ⅳ.①TP273

中国版本图书馆 CIP 数据核字(2020)第 241449 号

自动控制原理 MATLAB 仿真实验指导书			袁 艳 编
责任编辑:王 敏　　选题策划:毕克成　张晓红　周 旭　王凤林			责任校对:徐蕾蕾
出版发行:中国地质大学出版社(武汉市洪山区鲁磨路388号)			邮政编码:430074
电　　话:(027)67883511	传　　真:(027)67883580		E-mail:cbb@cug.edu.cn
经　　销:全国新华书店			http://cugp.cug.edu.cn
开本:787毫米×1 092毫米 1/16		字数:134千字	印张:6.5
版次:2020年11月第1版		印次:2022年11月第2次印刷	
印刷:武汉市籍缘印刷厂		印数:1000—2000册	
ISBN 978-7-5625-4950-5			定价:22.00元

如有印装质量问题请与印刷厂联系调换

自动化与人工智能精品课程系列教材
编委会名单

主　　任：吴　敏　　中国地质大学(武汉)
副主任：纪志成　　江南大学
　　　　　李少远　　上海交通大学
编　　委：(以姓氏笔画为序)
　　　　　于海生　　青岛大学
　　　　　马小平　　中国矿业大学
　　　　　王　龙　　北京大学
　　　　　方勇纯　　南开大学
　　　　　乔俊飞　　北京工业大学
　　　　　刘　丁　　西安理工大学
　　　　　刘向杰　　华北电力大学
　　　　　刘建昌　　东北大学
　　　　　吴　刚　　中国科学技术大学
　　　　　吴怀宇　　武汉科技大学
　　　　　张小刚　　湖南大学
　　　　　张光新　　浙江大学
　　　　　周纯杰　　华中科技大学
　　　　　周建伟　　中国地质大学(武汉)
　　　　　胡昌华　　火箭军工程大学
　　　　　俞　立　　浙江工业大学
　　　　　曹卫华　　中国地质大学(武汉)
　　　　　潘　泉　　西北工业大学

序

为适应新工科建设要求,推动自动化与人工智能融合发展,中国地质大学(武汉)自动化学院联合了教育部高等学校自动化类专业教学指导委员会和中国自动化学会教育工作委员会的有关专家,依托先进模块化的课程体系,有机融入"课程思政"的相关要求,突出前沿性、交叉性与综合性的新内容,组织编写了自动化与人工智能精品课程系列教材,服务于新时代自动化与人工智能领域的人才培养。

系列教材涵盖了专业基础课、专业主干课、专业选修课、课程设计等教学内容。教材设置上依托教育部高等学校自动化类专业教学指导委员会首批自动化专业课程体系改革与建设试点项目(全国五个试点项目之一)和中国地质大学(武汉)教育教学改革项目的研究成果,以"重视基础理论、突出实际应用、强化工程实践"的课程体系设计为主线。包括增强知识点教学的连贯性,提高对自动化系统结构认知的完整性;知识点对应的工具成体系,提高对主流技术和工具认知的完整性;面对特定应用环境的设计技术成体系,提高对行业背景下设计过程认知的完整性。充分体现以控制理论、运动控制、过程控制、嵌入式系统、测控软件技术、人工智能与大数据技术等为模块的教材设计。

本系列教材由教育部高等学校自动化类专业教学指导委员会委员、中国自动化学会教育工作委员会委员、高校教学主管领导和教学名师担任编审委员会委员,并对教材进行严格论证和评审。

本系列教材的组织和编写工作从2019年5月开始启动,并与中国地质大学出版社达成合作协议,拟在3~5年内出版20种左右教材。

本系列教材主要面向自动化、测控技术与仪器及相关专业的本科生、控制科学与工程及相关专业的研究生以及相关领域和部门的科技工作者。一方面为广大在校学生的学习提供先进且系统的知识内容,另一方面为相关领域科技工作者的学习和工作提供适当的参考。欢迎使用该系列教材的读者提出批评意见和建议,我们将认真听取意见,并作修订。

自动化与人工智能精品课程系列教材编委会
2020 年 12 月

前　言

　　自动控制原理是自动化、电气工程及其自动化、测控技术与仪器等专业最为重要的专业主干课之一，是对控制系统进行建模、分析和校正的理论结合实践的重要综合性课程。通过学习控制系统的建模方法，控制系统的时域、复域、频域分析方法，系统校正环节的设计方法，离散控制系统以及非线性系统的分析方法，使学生能够掌握自动控制理论的基本概念、基本原理和基本方法，能够求解自动控制系统的基本问题、自行分析与设计系统。课程的理论性较强，也具有很强的工程实际应用背景，它的特点是概念抽象、数学知识含量大、计算繁杂，而实验教学是提高理论基础知识教学效果、增强学生对控制系统深入认识的重要手段。通过实验，学生可以掌握系统仿真分析方法，掌握基于 MATLAB 的控制系统建模、分析和设计方法，获得仿真实验技能的基本训练。本书为自动控制原理课程配套的实验指导书，根据课程理论教学的需要，同时为配合课程的改革，本书在总结原有实验讲义的基础上设置了 7 个课程的相关实验，包括系统传递函数模型的建立与转换、控制系统的时域分析、控制系统的根轨迹分析、控制系统的频域分析、控制系统校正、离散控制系统分析、非线性控制系统分析，并对实验目的、实验原理、实验内容进行了详细说明，循序渐进引导学生学习实验相关的知识并通过实例帮助学生更好地理解实验原理，从而有针对性地完成所规定的实验内容。同时，实验教材对实验报告提出了具体要求，要求学生按照实验指导书进行预习，引发学生思考，提高学生的学习兴趣和参加实验的学习热情。

编　者

2020 年 9 月

目 录

实验一　系统传递函数模型的建立与转换 …………………………………………（1）

实验二　控制系统的时域分析 …………………………………………………（12）

实验三　控制系统的根轨迹分析 ………………………………………………（28）

实验四　控制系统的频域分析 …………………………………………………（38）

实验五　控制系统校正 …………………………………………………………（49）

实验六　离散控制系统分析 ……………………………………………………（61）

实验七　非线性控制系统分析 …………………………………………………（76）

实验报告要求 ……………………………………………………………………（92）

主要参考文献 ……………………………………………………………………（93）

实验一　系统传递函数模型的建立与转换

实验目的

(1) 了解 MATLAB 软件的基本特点和功能。
(2) 掌握线性系统传递函数模型在 MATLAB 环境下的表示方法及转换。
(3) 掌握多环节串联、并联、反馈连接时系统传递函数的求取方法。

实验指导

一、被控对象模型的建立

在线性系统理论中,常用的描述系统的数学模型为传递函数,它的形式有:①有理多项式分式表达式;②零极点增益表达式。

这些模型之间都有着内在的联系,可以相互进行转换。

1. 传递函数模型——有理多项式分式表达式

设系统的传递函数模型为:

$$G(s)=\frac{C(s)}{R(s)}=\frac{b_m s^m+b_{m-1} s^{m-1}+\cdots+b_1 s+b_0}{a_n s^n+a_{n-1} s^{n-1}+\cdots+a_1 s+a_0} \tag{1-1}$$

对线性定常系统,式中分子、分母多项式中 s 的系数 $a_0, a_1, \cdots, a_n, b_0, b_1, \cdots, b_m$ 均为常数,且 $a_n \neq 0$。这时系统在 MATLAB 中可以方便地由分子和分母各项系数构成的两个行向量唯一确定,这两个向量常用 num 和 den 表示。分子为 $m+1$ 项,分母为 $n+1$ 项,即:

$$\text{num}=[b_m, b_{m-1}, \cdots, b_1, b_0]$$
$$\text{den}=[a_n, a_{n-1}, \cdots, a_1, a_0]$$

注意:①它们都是按 s 的降幂进行排列的,若有空缺项(系数为零的项),应在相应的位置补零;②num、den 的各元素之间可用逗号或空格(此时为行向量)进行分隔,但不能用分号(此时为列向量)分隔。然后写上传递函数模型建立函数:

$$\text{sys}=\text{tf(num,den)}$$

这个传递函数便在 MATLAB 平台中被建立,并可以在屏幕上显示出来。

例 1-1　已知系统的传递函数为: $G(s)=\dfrac{2s^3+24s^2+25}{2s^4+4s^3+8s^2+2s+2}$,在 MATLAB 中建立它的有理多项式分式形式的传递函数模型。

在 MATLAB 命令窗口输入程序:

```
>> num=[2 24 0 25];den=[2 4 8 2 2];sys=tf(num,den)
```
运行结果：
```
sys=
    2 s^3+24 s^2+25
    -----------------------
    2 s^4+4 s^3 +8 s^2+2 s+2
Continuous-time transfer function.
```

例 1-2 已知系统的传递函数描述为：$G(s)=\dfrac{4(s+2)(s^2+6s+3)^2}{s(s+1)^3(s^3+5s^2+2s+3)}$，在 MATLAB 中建立它的有理多项式分式形式的传递函数模型。其中多项式相乘项可借助多项式乘法函数 conv 来处理。

在 MATLAB 命令窗口输入程序：

```
>> num=4*conv([1,2],conv([1,6,3],[1,6,3]));
den=conv([1,0],conv([1,1],conv([1,1],conv([1,1],[1,5,2,3]))));
sys=tf(num,den)
```
运行结果：
```
sys=
    4 s^5+56 s^4+264 s^3+480 s^2+324 s+72
    ---------------------------------------
    s^7+8 s^6+20 s^5+25 s^4+20 s^3+11 s^2+3 s
Continuous-time transfer function.
```

2. 传递函数模型——零极点增益模型

零极点增益模型为：
$$G(s)=K\frac{(s-z_1)(s-z_2)\cdots(s-z_m)}{(s-p_1)(s-p_2)\cdots(s-p_n)} \tag{1-2}$$

式中，K 为零极点增益；$z_i(i=1,\cdots,m)$ 为零点；$p_j(j=1,\cdots,n)$ 为极点。

该模型在 MATLAB 中，可用[z,p,k]矢量组表示，即：
$$z=[z_1,z_2,\cdots,z_m],p=[p_1,p_2,\cdots,p_n],k=[k]$$

各零极点之间可用逗号、空格或分号进行分隔。然后在 MATLAB 中写上零极点增益形式的传递函数模型建立函数：

$$\text{sys}=\text{zpk}(z,p,k)$$

这个零极点增益模型在 MATLAB 平台中被建立，并可以在屏幕上显示出来。

例 1-3 已知系统的零极点增益模型为：$G(s)=\dfrac{7(s+2)}{(s+1)(s+3)(s+5)}$，在 MATLAB 中建立它的零极点增益形式的传递函数模型。

在 MATLAB 命令窗口输入程序：

```
>> z=[-2];p=[-1,-3,-5];k=7;sys=zpk(z,p,k)
```
运行结果：

```
sys=
      7(s+2)
    ---------------
    (s+1)(s+3)(s+5)
Continuous-time zero/pole/gain model.
```

注意:MATLAB 的某些版本对有 2 个及 2 个以上零点的情况,要求 z 表示成列向量的形式,如:$G(s)=\dfrac{6(s+3)(s+0.5)}{(s+1)(s+2)(s+5)}$,则 z=[-3;-0.5] 或 z=[-3,-0.5]'('表示向量或矩阵的转置)。若没有零点,则输入空矩阵:z=[ ]即可。

二、不同形式模型之间的相互转换

不同形式之间模型转换的函数包括:
(1)tf2zp:多项式传递函数模型转换为零极点增益模型。格式为:
　　　　[z,p,k]=tf2zp(num,den)
(2)zp2tf:零极点增益模型转换为多项式传递函数模型。格式为:
　　　　[num,den]=zp2tf(z,p,k)

例 1-4 已知系统的多项式传递函数为:$G(s)=\dfrac{4s+2}{s^3+8s^2+19s+12}$,将它转换为零极点增益模型。

在 MATLAB 命令窗口输入程序:

```
>> num=[4 2];den=[1 8 19 12];
[z,p,k]=tf2zp(num,den);sys=zpk(z,p,k)
```
运行结果:
```
sys=
     4(s+0.5)
    ---------------
    (s+4)(s+3)(s+1)
Continuous-time zero/pole/gain model.
```

例 1-5 将例 1-3 系统的零极点增益模型转换成多项式传递函数模型。
在 MATLAB 命令窗口输入程序:

```
>> z=[-2];p=[-1,-3,-5];k=7;sys=zpk(z,p,k);
[num,den]=zp2tf(z,p,k);printsys(num,den)
```
运行结果:
```
num/den=
       7 s+14
    ---------------
    s^3+9 s^2+23 s+15
```

三、多环节串联、并联、反馈连接时,等效传递函数的求取

1. 串联

两个环节 $G_1(s)$ 和 $G_2(s)$ 串联,如图 1-1 所示。

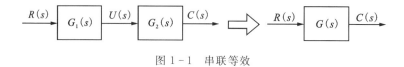

图 1-1 串联等效

则等效传递函数为:$G(s)=G_1(s) \cdot G_2(s)$。在 MATLAB 中采用如下的语句或函数来实现:①G=G1*G2;②G=series(G1,G2);③[num,den]=series(num1,den1,num2,den2)。

例 1-6 两个环节 $G_1(s)$ 和 $G_2(s)$ 串联,传递函数为:$G_1(s)=\dfrac{3}{s+1}$,$G_2(s)=\dfrac{2}{s^2+3s+5}$,求等效传递函数 $G(s)$。

(1)方法一。

在 MATLAB 命令窗口输入程序:

```
>> n1=3;d1=[1 1];n2=2;d2=[1 3 5];G1=tf(n1,d1);G2=tf(n2,d2);G=G1*G2
```

运行结果:

```
G=
         6
   ---------------
   s^3+4 s^2+8 s+5

Continuous-time transfer function.
```

(2)方法二。

在 MATLAB 命令窗口输入程序:

```
>> n1=3;d1=[1 1];n2=2;d2=[1 3 5];
G1=tf(n1,d1);G2=tf(n2,d2);G=series(G1,G2)
```

运行结果:

```
G=
         6
   ---------------
   s^3 +4 s^2+8 s+5

Continuous-time transfer function.
```

(3)方法三。

在 MATLAB 命令窗口输入程序:

```
>> n1=3;d1=[1 1];n2=2;d2=[1 3 5];[n,d]=series(n1,d1,n2,d2),printsys(n,d)
```
运行结果：
n=
    0   0   0   6
d=
    1   4   8   5
num/den=
      6
    ----
    s^3 +4 s^2+8 s+5

2. 并联

两个环节 $G_1(s)$ 与 $G_2(s)$ 并联，如图 1-2 所示。

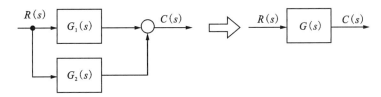

图 1-2 并联等效

则等效传递函数为：$G(s)=G_1(s)+G_2(s)$。在 MATLAB 中采用如下的语句或函数来实现：①G=G_1+G_2；②G=parallel(G_1,G_2)；③[num,den]=parallel(num1,den1,num2,den2)。

例 1-7 两个环节 $G_1(s)$ 与 $G_2(s)$ 并联，传递函数为：$G_1(s)=\dfrac{3}{s+1}$，$G_2(s)=\dfrac{2}{s^2+3s+5}$，求等效传递函数 $G(s)$。

(1)方法一。

在 MATLAB 命令窗口输入程序：

```
>> n1=3;d1=[1 1];n2=2;d2=[1 3 5];G1=tf(n1,d1);G2=tf(n2,d2);G=G1+G2
```
运行结果：
G=
    3 s^2+11 s+17
    ----
    s^3+4 s^2+8 s+5
Continuous-time transfer function.

(2)方法二。

在 MATLAB 命令窗口输入程序：

```
>> n1=3;d1=[1 1];n2=2;d2=[1 3 5];
```

```
G1=tf(n1,d1);G2=tf(n2,d2);G=parallel(G1,G2)
```
运行结果：
G=

　　3 s^2+11 s+17
　　---------------
　　s^3+4 s^2+8 s+5

Continuous-time transfer function.

（3）方法三。

在 MATLAB 命令窗口输入程序：

```
>> n1=3;d1=[1 1];n2=2;d2=[1 3 5];[n,d]=parallel(n1,d1,n2,d2),printsys(n,d)
```
运行结果：
n=
　　0　　3　　11　　17
d=
　　1　　4　　8　　5
num/den=

　　3 s^2+11 s+17
　　---------------
　　s^3+4 s^2+8 s+5

3. 反馈连接

两个环节反馈连接时，如图 1-3 所示。

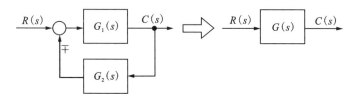

图 1-3　反馈连接等效

则等效传递函数（即闭环传递函数）为：$G(s)=\dfrac{C(s)}{R(s)}=\dfrac{G_1(s)}{1\pm G_1(s)G_2(s)}$。在 MATLAB 中采用如下的语句或函数来实现：①G= feedback(G1,G2,sign)；②[num,den]=feedback(num1,den1,num2,den2,sign)；③G= cloop(G1,sign)；④[numc,denc]=cloop(num,den,sign)。

这里，sign=1 时采用正反馈；当 sign=－1 时采用负反馈；sign 缺省时，默认为负反馈。说明：③④只用于单位反馈系统，即 $G_2(s)=1$。

例 1-8　已知两个环节反馈连接如图 1-3 所示，传递函数为：$G_1(s)=\dfrac{2}{s^2+3s+5}$，$G_2(s)=$

$\dfrac{3}{s+1}$,求等效(闭环)传递函数。

(1)方法一。

负反馈,在 MATLAB 命令窗口输入程序:

```
>> n1=2;d1=[1 3 5];n2=3;d2=[1 1];
G1=tf(n1,d1);G2=tf(n2,d2);G=feedback(G1,G2,-1)
```

运行结果:
```
G=
      2 s+2
   ---------------
   s^3+4 s^2+8 s+11
Continuous-time transfer function.
```

正反馈,在 MATLAB 命令窗口输入程序:

```
>> n1=2;d1=[1 3 5];n2=3;d2=[1 1];
G1=tf(n1,d1);G2=tf(n2,d2);G=feedback(G1,G2,1)
```

运行结果:
```
G=
      2 s+2
   ---------------
   s^3+4 s^2+8 s-1
Continuous-time transfer function.
```

(2)方法二。

负反馈,在 MATLAB 命令窗口输入程序:

```
>> num1=2;den1=[1 3 5];num2=3;den2=[1 1];
[num,den]=feedback(num1,den1,num2,den2,-1),printsys(num,den)
```

运行结果:
```
num=
     0    0    2    2
den=
     1    4    8    11
num/den=
      2 s+2
   ---------------
   s^3+4 s^2+8 s+11
```

正反馈,在 MATLAB 命令窗口输入程序:

```
>> num1=2;den1=[1 3 5];num2=3;den2=[1 1];
[num,den]=feedback(num1,den1,num2,den2,1),printsys(num,den)
```
运行结果：
```
num=
     0    0    2    2
den=
     1    4    8   -1
num/den=
    2 s+2
---------------
s^3+4 s^2+8 s-1
```

两种方法结果一致。

例 1-9 已知两个环节负反馈连接,传递函数为: $G_1(s)=\dfrac{2}{2s^2+3s+7}$, $G_2(s)=1$（即为单位负反馈）,求等效传递函数。

(1)方法一。

在 MATLAB 命令窗口输入程序：

```
>> n1=[2];d1=[2 3 7];G1=tf(n1,d1);G2=1;
G=feedback(G1,G2,-1)  %①也可用 G=feedback(G1,1)表示单位负反馈
```
运行结果：
```
G=
        2
-----------
2 s^2+3 s+9
Continuous-time transfer function.
```

(2)方法二。

在 MATLAB 命令窗口输入程序：

```
>> n1=[2];d1=[2 3 7];
[num,den]=cloop(n1,d1);printsys(num,den)
```
运行结果：
```
num/den=
       2
-----------
2 s^2+3 s+9
```

---

① 在 MATLAB 中,"%"表示注释,后面所输入的内容不是程序内容。

说明:以上语句对于零极点增益模型也是适用的。

例 1-10 已知两个环节的传递函数为: $G_1(s)=\dfrac{2(s+1)}{s+2}$, $G_2(s)=\dfrac{3(s+3)}{s+4}$,求两个环节串联、并联和负反馈连接时的等效传递函数。

(1)串联。

在 MATLAB 命令窗口输入程序:

```
>> z1=[-1];p1=[-2];k1=2;G1=zpk(z1,p1,k1);
z2=[-3];p2=[-4];k2=3;G2=zpk(z2,p2,k2);G=G1*G2
```

运行结果:

```
G=
    6 (s+1)(s+3)
    --------------
    (s+2)(s+4)
Continuous-time zero/pole/gain model.
```

(2)并联。

在 MATLAB 命令窗口输入程序:

```
>> z1=[-1];p1=[-2];k1=2;G1=zpk(z1,p1,k1);
z2=[-3];p2=[-4];k2=3;G2=zpk(z2,p2,k2);G=G1+G2
```

运行结果:

```
GG=
    5 (s+1.475)(s+3.525)
    --------------------
         (s+2)(s+4)
Continuous-time zero/pole/gain model.
```

(3)负反馈。

在 MATLAB 命令窗口输入程序:

```
>> z1=[-1];p1=[-2];k1=2;G1=zpk(z1,p1,k1);
z2=[-3];p2=[-4];k2=3;G2=zpk(z2,p2,k2);G=feedback(G1,G2,-1)
```

运行结果:

```
G=
    0.28571 (s+4)(s+1)
    ------------------
    (s+1.206)(s+3.08)
Continuous-time zero/pole/gain model.
```

说明:以上运算中往往通分运算后不约简,可以再使用 minreal() 函数来实现约简,其格式为：
$$G1 = \mathrm{minreal}(G)$$

例 1-11 已知两个环节串联连接,传递函数为：$G_1(s)=\dfrac{2(s+1)}{s+2}$，$G_2(s)=\dfrac{7(s+2)}{s+3}$，求等效传递函数。

在 MATLAB 命令窗口输入程序：

```
>> z1=[-1];p1=[-2];k1=2;G1=zpk(z1,p1,k1);
z2=[-2];p2=[-3];k2=7;G2=zpk(z2,p2,k2);G=G1*G2
```

运行结果：

```
G=
     14 (s+1)(s+2)
    -----------
      (s+2)(s+3)
Continuous-time zero/pole/gain model.
```

约简：

在 MATLAB 命令窗口输入程序：

```
>> GG=minreal(G)
```

运行结果：

```
GG=
     14 (s+1)
    --------
      (s+3)
Continuous-time zero/pole/gain model.
```

说明：在编写新程序时,最好将已使用的变量或生成的图像进行清理,采用如下命令实现。① clc:清除命令窗口的内容,对工作环境中的全部变量无任何影响。② close:关闭当前的 Figure 窗口。③ close all:关闭所有的 Figure 窗口。④ clear:清除工作空间的所有变量。⑤ clear all:清除工作空间的所有变量、函数和 MEX 文件。

实验内容

题 1-1 进行 2 例传递函数模型的输入,第 1 例实现有理多项式模型输入与显示,并将它转化为零极点增益模型并显示出来;第 2 例实现零极点增益模型输入与显示,并将它转化为有理多项式模型并显示出来。

题 1-2 自行确定 2 个传递函数,采用有理多项式模型实现传递函数的输入与显示,求取它们在串联、并联、正反馈、负反馈连接时的等效传递函数并分别显示出来;自行确定 2 个传递函数,采用零极点增益模型实现传递函数的输入与显示,求取它们在串联、并联、正反馈和负反馈连接时的等效传递函数并分别显示出来。

题 1-3 求取如图 1-4 所示系统的闭环等效传递函数 $C(s)/R(s)$。

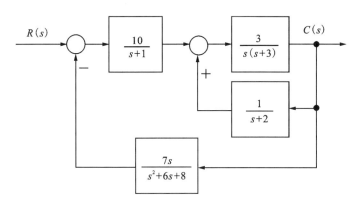

图 1-4 题 1-3 系统结构图

实验二　控制系统的时域分析

实验目的

(1) 学习利用 MATLAB 进行部分分式展开、拉氏变换及拉氏反变换的方法。
(2) 掌握对控制系统进行时域响应曲线绘制的方法。
(3) 掌握对控制系统阶跃响应动态性能指标进行分析计算的方法。
(4) 掌握判断系统稳定性的基本方法。

实验指导

一、部分分式展开方法

考虑下列传递函数：

$$\frac{M(s)}{N(s)} = \frac{\text{num}}{\text{den}} = \frac{b_n s^n + b_{n-1} s^{n-1} + \cdots + b_0}{a_n s^n + a_{n-1} s^{n-1} + \cdots + a_0} \tag{2-1}$$

式中，$a_n \neq 0$。MATLAB 函数可将式(2-1)展开成部分分式，直接求出展开式中的留数、极点和余项。该函数的调用格式为：

$$[r, p, k] = \text{residue}(\text{num}, \text{den})$$

则 $\frac{M(s)}{N(s)}$ 的部分分式展开由下式给出：

$$\frac{M(s)}{N(s)} = \frac{r(1)}{s - p(1)} + \frac{r(2)}{s - p(2)} + \cdots + \frac{r(n)}{s - p(n)} + k(s) \tag{2-2}$$

式中，$p(1), p(2), \cdots, p(n)$ 为极点；$r(1), r(2), \cdots, r(n)$ 为各极点的留数；$k(s)$ 为余项。

例 2-1　设传递函数为：$G(s) = \dfrac{s^3 + 7s^2 + 23s + 21}{s^3 + 6s^2 + 11s + 6}$，求其部分分式展开式。

在 MATLAB 命令窗口输入程序：

```
>> num=[1,7,23,21];den=[1,6,11,6];[r,p,k]=residue(num,den)
```

运行结果：

r=
    -6.0000
     5.0000
     2.0000
p=

```
    -3.0000
    -2.0000
    -1.0000
k=
    1
```

由此可得出其部分分式展开式为：

$$G(s) = \frac{-6}{s+3} + \frac{5}{s+2} + \frac{2}{s+1} + 1$$

说明：该函数也可以逆向调用，把部分分式展开转变回多项式之比的形式，命令格式为：

$$[\text{num}, \text{den}] = \text{residue}(r, p, k)$$

对上例，在 MATLAB 命令窗口输入程序：

```
>> r=[-6,5,2];p=[-3,-2,-1];k=1;[num1,den1]=residue(r,p,k)
```

运行结果：
```
num1=
    1    7    23    21
den1=
    1    6    11    6
```

应当指出，如果出现重极点，部分分式展开式将包括下列各项：

$$\frac{r(j)}{s-p(j)} + \frac{r(j+1)}{[s-p(j)]^2} + \cdots + \frac{r(j+m-1)}{[s-p(j)]^m} \tag{2-3}$$

例 2-2 设传递函数为：$G(s) = \dfrac{s^2+2s+3}{s^3+3s^2+3s+1}$，求其部分分式展开式。

在 MATLAB 命令窗口输入程序：

```
>> num=[1,2,3];den=[1,3,3,1];[r,p,k]=residue(num,den)
```

运行结果：
```
r=
    1.0000
    0.0000
    2.0000
p=
    -1.0000
    -1.0000
    -1.0000
k=
    []
```

可得其部分分式展开式为：

$$G(s)=\frac{1}{s+1}+\frac{0}{(s+1)^2}+\frac{2}{(s+1)^3}+0$$

二、拉氏变换与反变换

1. 拉氏变换

调用格式如下：

(1)L＝laplace(F)：是缺省独立变量 t 的关于符号向量 F 的拉氏变换，缺省返回关于 s 的函数。

(2)L＝laplace(F,t)：是一个关于 t 代替缺省 s 项的拉氏变换。

(3)L＝laplace(F,w,z)：是一个关于 z 代替缺省 s 项的拉氏变换。

注意：在调用函数 laplace()之前，要用 syms 命令对所有需要用到的变量（如 t,y）等进行说明，即要将这些变量说明成符号变量。

例 2－3 求时域函数 $y(t)=6\cos3t+\mathrm{e}^{-3t}\cos2t-5\sin2t$ 的拉氏变换。

在 MATLAB 命令窗口输入程序：

```
>> syms t y;
y=laplace(6*cos(3*t)+exp(-3*t)*cos(2*t)-5*sin(2*t))
pretty(y)%显示函数的习惯书写形式
```

运行结果：

```
y=
(s+3)/((s+3)^2+4)+(6*s)/(s^2+9)-10/(s^2+4)
     s+3          6 s        10
  --------  +  -------  -  --------
        2          2           2
   (s+3)+4       s+9         s+4
```

即 $y(t)$ 拉氏变换的象函数为：

$$Y(s)=\frac{s+3}{(s+3)^2+4}+\frac{6s}{s^2+9}-\frac{10}{s^2+4}$$

2. 拉氏反变换

调用格式如下：

(1)F＝ilaplace(L)：是缺省独立变量 s 的关于符号向量 L 的拉氏反变换，缺省返回关于 t 的函数。

(2)F＝ilaplace(L,y)：是一个关于 y 代替缺省 t 项的拉氏反变换。

(3)F＝ilaplace(L,y,x)：是一个关于 x 代替缺省 t 项的拉氏反变换。

例 2－4 求函数 $F(s)=\dfrac{16}{s^2+4}+\dfrac{s+5}{(s+4)^2+16}$ 的拉氏反变换。

在 MATLAB 命令窗口输入程序：

```
>> syms s F;
F=ilaplace(16/(s^2+4)+(s+5)/((s+4)^2+16))
```

运行结果：

F=
8*sin(2*t)+exp(-4*t)*(cos(4*t)+sin(4*t)/4)

即 $F(s)$ 的拉氏变换原函数为：

$$f(t)=8\sin 2t+\left(\cos 4t+\frac{1}{4}\sin 4t\right)e^{-4t}$$

三、典型响应及阶跃响应动态性能分析

1. 单位阶跃响应

(1) step(num,den)。
(2) step(num,den,t)。
(3) step(G)。
(4) step(G,t)。

该函数将绘制出系统在单位阶跃输入条件下的动态响应图,同时给出稳态值。其中 t 为图像显示的时间长度,是用户指定的时间向量,如 t=0:0.1:10,表示 t 取以 0 为起点、以 10 为终点、以 0.1 为步长的时间长度。如果需要将输出结果返回到 MATLAB 工作空间中,则采用以下调用格式：

(5) c=step(G) 或 c=step(G,t)。

例 2-5 一阶系统的传递函数为：$G(s)=\dfrac{1}{0.5s+1}$,绘制其单位阶跃响应曲线。

在 MATLAB 命令窗口输入程序：

> > num=[1];den=[0.5 1];step(num,den),grid on％表示加网络
xlabel('t/s'),ylabel('c(t)')％分别给横-纵坐标轴加标签

运行结果如图 2-1 所示。

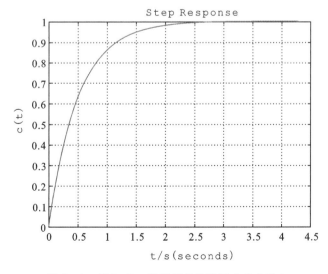

图 2-1 例 2-5 一阶系统单位阶跃响应曲线 1

若要绘制系统在指定时间(0～10s)内的单位阶跃响应曲线,则在 MATLAB 命令窗口输入程序:

```
>>num=[1];den=[0.5 1];t=0:0.1:10;step(num,den,t),grid on,
xlabel('t/s'),ylabel('c(t)')
```

运行结果如图 2-2 所示。

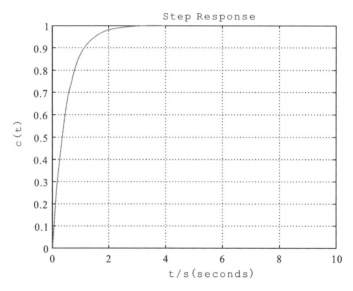

图 2-2 例 2-5 一阶系统单位阶跃响应曲线 2

例 2-6 已知二阶欠阻尼系统传递函数为:$G(s)=\dfrac{16}{s^2+3.2s+16}$,绘制其单位阶跃响应曲线。

(1)方法一。

在 MATLAB 命令窗口输入程序:

```
>>num=[16];den=[1 3.2 16];step(num,den),grid on
title('Unit-Step Response of G(s)=16/(s^2+3.2s+16)')%给曲线加标题
```

运行结果如图 2-3 所示。

(2)方法二。

在 MATLAB 命令窗口输入程序:

```
>>G=tf([16],[1 3.2 16]);t=0:0.1:5;c=step(G,t);
plot(t,c),grid on %plot 表示绘制二维图形,横坐标取 t,纵坐标取 c
Css=dcgain(G)%求取稳态值
```

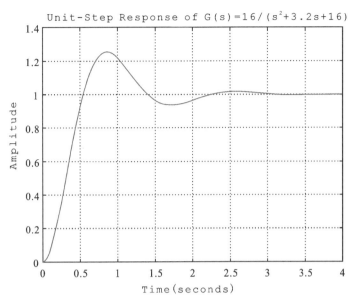

图 2-3 例 2-6 二阶系统单位阶跃响应曲线 1

运行结果如图 2-4 所示。同时,在命令窗口中显示如下结果:

Css=
    1

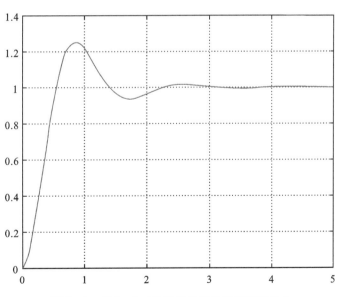

图 2-4 例 2-6 二阶系统单位阶跃响应曲线 2

2. 求阶跃响应的动态性能指标

MATLAB 提供了强大的绘图计算功能,可以用多种方法求取系统的动态响应指标。注意:方法(1)(2)仅适用于 step()命令画出的图形。

1)最简单的方法——游动鼠标法

对于例 2-6,方法一在程序运行完毕后,用鼠标左键点击曲线上任意一点,会自动跳出一个小方框显示这一点的横坐标(时间)和纵坐标(幅值)。按住鼠标左键在曲线上移动,可以找到幅值最大的一点即峰值点,此时小方框中显示的时间就是峰值时间,根据稳态值 Css 和观察到的峰值可以计算出系统的超调量。

对例 2-6 系统,单位阶跃响应曲线如图 2-5 所示,可知系统的峰值时间为 0.863s,峰值为 1.25,可计算得超调量为 25%。系统的上升时间和调节时间也可以用该方法得出。

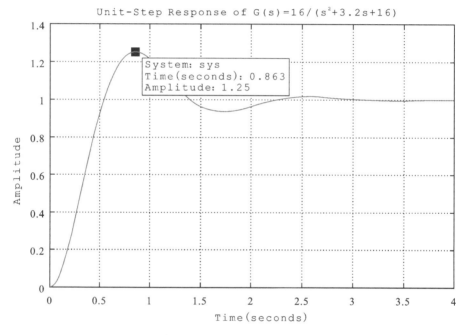

图 2-5 例 2-6 二阶系统单位阶跃响应曲线 3

2)菜单选项法

在阶跃响应曲线窗口,使用鼠标右键弹出浮动菜单,选择其中的 Characteristics 子菜单,有 4 个子项。

(1)Peak Response:峰值响应,点击将出现峰值标记点,将鼠标移动到(或点击)该点可获得相关信息,包括峰值幅值、超调量和峰值时间。

(2)Settling Time:调节时间,点击将出现调节时间标记点,将鼠标移动到该点(或点击)即可获得调节时间。

(3)Rise Time:上升时间(输出从稳态值的 10% 上升到 90% 所需时间),点击将出现上升时间标记点,将鼠标移动到(或点击)该点即可获得上升时间。

(4)Steady State:稳定状态,若系统稳定,点击将在稳态值处出现标记点,将鼠标移动到

(或点击)该点即可获得稳态值;若系统不稳定,则不出现标记点。

对例 2-6 系统,单位阶跃响应曲线如图 2-6 所示,选择 Characteristics 子菜单相应子项后,图上标记出的 4 个点分别为上升时间点、峰值点、调节时间点及稳态值点,并可读出相关数据,如峰值为 1.25,超调量为 25.4%,峰值时间为 0.863s,调节时间为 2.1s 等。

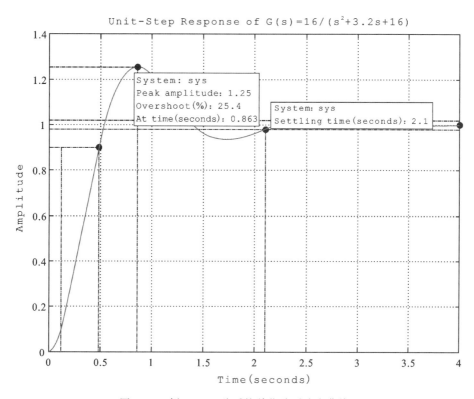

图 2-6 例 2-6 二阶系统单位阶跃响应曲线 4

3)用编程方式求取时域响应的各项性能指标

由上面内容可知,利用阶跃响应函数 step()可以获得系统输出量,若将输出量返回到变量 y 中,可以调用如下格式命令:

$$[y,t]=step(G)$$

该函数还同时返回了自动生成的时间变量 t,对返回的这一对变量 y 和 t 的值进行计算,可以得到时域性能指标。

(1)峰值时间。

$$[Y,k]=\max(y); timetopeak=t(k)$$

应用取最大值函数 max()求出 y 的峰值及相应的时间,并存于变量 Y 和 k 中。然后在变量 t 中取出峰值时间,并将它赋给变量 timetopeak。

(2)超调量。

$$Css=dcgain(G);[Y,k]=\max(y); overshoot=100*(Y-Css)/Css$$

dcgain()函数用于求取系统的终值(稳态值),赋给变量 Css,然后依据超调量的定义,由 Y 和 Css 计算出超调量。

(3)上升时间。

若上升时间采用输出从 0 上升到稳态值 Css 所需的时间,可以用 while 语句编写以下程序得到:

```
>> Css=dcgain(G);n=1;
while y(n)< Css
   n=n+1;
end
risetime=t(n)
```

在阶跃输入条件下,y 的值由零逐渐增大,当以上循环不满足 y<Css 时,退出循环,此时对应的时刻,即为上升时间。

对于输出无超调的系统响应,上升时间定义为输出从稳态值的 10% 上升到 90% 所需时间,则计算程序如下:

```
>> C=dcgain(G);n=1;
while y(n)< 0.1*Css
   n=n+1;
end
m=1;
while y(m)< 0.9*Css
   m=m+1;
end
risetime= t(m)- t(n)
```

(4)调节时间(取误差带为 0.02)。

```
>> Css=dcgain(G);i=length(t);
while(y(i)> 0.98*Css)&(y(i)< 1.02*Css)
   i=i-1;
end
settlingtime= t(i)
```

用向量长度函数 length() 可求得 t 序列的长度,将其设定为变量 i 的上限值。

例 2-7 对例 2-6 二阶系统,计算其动态性能指标。

在 MATLAB 命令窗口输入程序:

```
>> num=[16];den=[1 3.2 16];G=tf(num,den);Css=dcgain(G)
[y,t]=step(G);[Y,k]=max(y);timetopeak=t(k) %计算峰值时间
overshoot=100*(Y-Css)/Css %计算超调量
n=1;
```

```
while y(n)< Css
   n=n+1;
end
risetime=t(n)%计算上升时间
i=length(t);
while(y(i)> 0.98*Css)&(y(i)< 1.02*Css)
   i=i-1;
end
settlingtime=t(i)%计算调节时间
```
运行结果：
```
Css=
     1
timetopeak=
    0.8635
overshoot=
   25.3741
risetime=
    0.5469
settlingtime=
    2.1011
```

3. 脉冲响应

(1) impulse (num,den)。

(2) impulse (num,den,t)%脉冲响应计算的时间向量 t 的范围由用户设定。

(3) [y,x]=impulse(num,den)%返回变量 y 为输出向量，x 为状态向量。

(4) [y,x,t]=impulse(num,den,t)。

例 2-8 二阶系统的传递函数为：$G(s)=\dfrac{1}{s^2+0.5s+1}$，绘制其脉冲响应曲线。

在 MATLAB 命令窗口输入程序：

```
>> t=[0:0.1:40];num=[1];den=[1,0.5,1];
impulse(num,den,t);grid on
```

运行结果如图 2-7 所示。

说明：任意函数响应命令为 lsim(G,u,t)。

若要求例 2-8 系统输入为正弦函数 $u(t)=\sin t$ 时的响应曲线，在 MATLAB 命令窗口输入程序：

```
>> num=[1];den=[1,0.5,1];y=tf(num,den);t=[0:0.1:40];u=sin(t);
lsim(y,u,t,'--');grid on %'--'表示绘制曲线为虚线
```

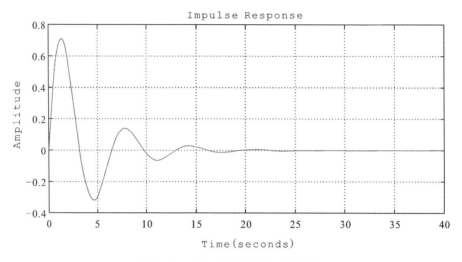

图2-7 例2-8系统脉冲响应曲线

运行结果如图2-8所示,图中虚线为系统在正弦输入信号作用下的响应曲线。

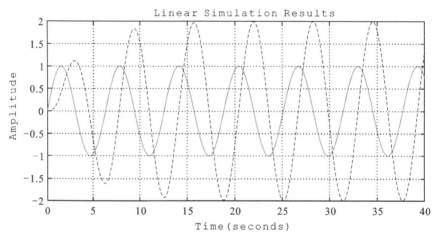

图2-8 例2-8系统正弦输入函数的响应曲线

4. 高阶系统的降阶处理

利用闭环主导极点的概念,可将高阶系统进行降阶处理。

例2-9 三阶系统的传递函数为:$G_1(s)=\dfrac{16}{s^3+10s^2+18s+16}$,对它进行降阶处理。

在MATLAB命令窗口输入程序:

```
>> num=[16];den=[1 10 18 16];
[z,p,k]=tf2zp(num,den);sys=zpk(z,p,k)
```

运行结果:

sys=

```
       16
---------------
(s+8)(s^2+2s+2)

Continuous-time zero/pole/gain model.
```

即：
$$G_1(s)=\frac{16}{(s^2+2s+2)(s+8)}=\frac{1}{(0.5s^2+s+1)(0.125s+1)}$$

分析：系统的主导极点为$-1\pm j$，非主导极点为-8，略去非主导极点-8，则将原三阶系统$G_1(s)=\frac{16}{s^3+10s^2+18s+16}$降阶为二阶$G_2(s)=\frac{1}{0.5s^2+s+1}$。

注意：在进行降阶处理时，必须将传递函数化为典型环节形式（各环节常数项为1）后，才能将非主导极点或偶极子略去。

对比降阶前后系统的单位阶跃响应，在MATLAB命令窗口输入程序：

```
>> %approximate second-order system of third-order system
num1=[16];den1=[1 10 18 16];
G1=tf(num1,den1);
num2=[1];den2=[0.5 1 1];
G2=tf(num2,den2);
t=[0:0.1:10];
step(G1,'-',G2,'--',t);
legend('原三阶系统','降阶后二阶系统');%对曲线的线型颜色进行标注
grid on
xlabel('time[sec]'),ylabel('step response')
```

运行结果如图2-9所示，图中实线和虚线分别为原三阶系统、降阶后的二阶系统的单位阶跃响应曲线，可以看出，二者的近似度很好。

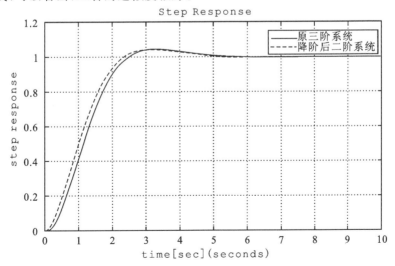

图2-9 例2-9三阶系统的降阶处理

5. 分析零点对系统单位阶跃响应的影响

例 2 - 10 分别作出以下系统的单位阶跃响应曲线,进行比较分析。

(1) $G_1(s) = \dfrac{10}{s^2+2s+10}$,二阶欠阻尼系统。

(2) $G_2(s) = \dfrac{10(0.2s+1)}{s^2+2s+10}$,增加一个零点 -5。

(3) $G_3(s) = \dfrac{10(0.5s+1)}{s^2+2s+10}$,增加一个零点 -2。

(4) $G_4(s) = \dfrac{10(s+1)}{s^2+2s+10}$,增加一个零点 -1。

在 MATLAB 命令窗口输入程序:

```
>> %各系统单位阶跃响应曲线比较
G1=tf([10],[1 2 10]);G2=tf([2 10],[1 2 10]);
G3=tf([5 10],[1 2 10]);G4=tf([10 10],[1 2 10]);
step(G1,'-',G2,'--',G3,'*',G4,'+');%各系统单位阶跃响应曲线分别对应实线、虚线、星号线和加号线;
legend('G1','G2增加零点-5','G3增加零点-2','G4增加零点-1');
grid on;title('零点对单位阶跃响应曲线的影响比较');
```

运行结果如图 2 - 10 所示,由图可知,增加的零点越接近虚轴,对系统单位阶跃响应曲线影响越显著。

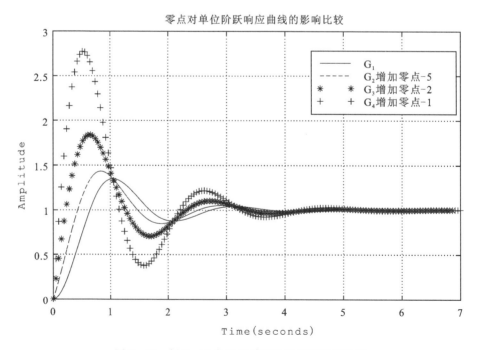

图 2 - 10 例 2 - 10 各系统单位阶跃响应曲线对比

四、系统稳定性分析

MATLAB 中有以下 3 种方法对系统进行稳定性分析。

(1) 利用 pzmap 函数命令绘制连续系统的零极点图(图中零点以符号"○"表示,极点以符号"×"表示)。

(2) 利用 tf2zp 函数命令求出系统闭环零极点。

(3) 利用 roots 函数命令求闭环特征多项式来确定系统的闭环极点。

例 2-11 某系统的闭环传递函数为:$G(s) = \dfrac{3s^4 + s^3 + 2s^2 + 5s + 4}{s^5 + 4s^4 + 3s^3 + 5s^2 + 6s + 2}$,试判断其稳定性。

在 MATLAB 命令窗口输入程序:

```
>>num=[3 1 2 5 4];den=[1 4 3 5 6 2];G=tf(num,den);pzmap(G);
pole=roots(den)%由闭环特征方程计算闭环极点
[z,p,k]=tf2zp(num,den)
```

运行结果如图 2-11 所示,同时在命令窗口显示:

```
pole=
   -3.4142+0.0000i
    0.3412+1.1615i
    0.3412-1.1615i
   -0.6823+0.0000i
   -0.5858+0.0000i
z=
    0.5963+1.1612i
    0.5963-1.1612i
   -0.7629+0.4477i
   -0.7629-0.4477i
p=
   -3.4142+0.0000i
    0.3412+1.1615i
    0.3412-1.1615i
   -0.6823+0.0000i
   -0.5858+0.0000i
k=
    3
```

由图 2-11 可知,该系统共有 5 个闭环极点,其中 2 个闭环极点位于虚轴右侧即 s 右半平面,具有正实部,因此系统不稳定。由 pole 与 p 的计算结果也可知,系统具有 $0.3412 \pm 1.1615i$ 实部为正的 2 个闭环极点,可以得到闭环系统不稳定的相同结论。

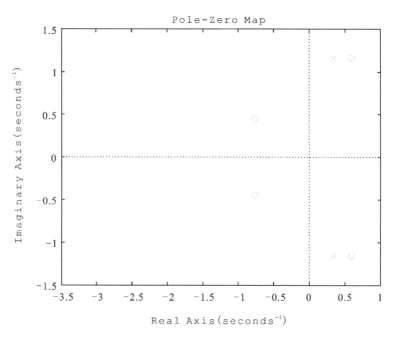

图 2-11 例 2-11 系统零极点分布图

说明:此题由多项式求根(roots 命令),也可以反过来由根创建多项式,方法:如果已知多项式的因式分解式或特征根,可由 poly( ) 函数直接得出特征多项式系数向量,它的调用格式为:p=poly(v)。

例 2-12 已知多项式各根分别为 $-1\pm 2j, -2, -4$,求多项式。

在 MATLAB 命令窗口输入程序:

```
>> v=[-1+j,-1-j,-2,-4];p=poly(v)
```

运行结果:

p=

　　1　　8　　22　　28　　16

由此可见,函数 roots( ) 与函数 poly( ) 是互为逆运算的。

实验内容

题 2-1 给定系统的闭环传递函数: $G(s)=\dfrac{s^3+7s^2+24s+24}{s^4+10s^3+35s^2+50s+24}$,对其单位阶跃响应进行部分分式展开,并写出其部分分式展开式。

题 2-2 求时域函数 $y(t)=e^{-2t}\sin 6t$ 的拉氏变换;求函数 $F(s)=\dfrac{-s^2-s+5}{s(s^2+3s+2)}$ 的拉氏反变换。

题 2-3 一阶系统传递函数为: $G(s)=\dfrac{1}{0.2s+1}$,分别绘制其在 [0:0.1:4] 内的单位阶跃、

单位斜坡、单位加速度响应曲线(分 3 幅图绘制),并对实验结果进行分析。

题 2-4 二阶系统传递函数为:$G(s)=\dfrac{10}{s^2+2s+10}$,要求:

(1)用程序计算系统的闭环极点、阻尼比、无阻尼振荡频率。

(2)绘制系统的单位阶跃响应曲线。

(3)计算单位阶跃响应的动态性能指标:峰值、峰值时间、超调量及调节时间(误差带取 0.02)。

题 2-5 二阶系统的传递函数为:$G(s)=\dfrac{\omega_n^2}{s^2+2\zeta s\omega_n+\omega_n^2}$,要求:

(1)绘制当 $\omega_n=1\text{rad/s}$,ζ 分别为 0、0.1、0.2、0.3、0.4、0.5、0.6、0.7、0.8、1.0、2.0 时的单位阶跃响应曲线(画在同一幅图里),进行性能对比分析。

(2)绘制当 $\zeta=0.6$,ω_n 分别为 2、4、6、8、10、12(单位为 rad/s)时的单位阶跃响应曲线(画在同一幅图里),进行性能对比分析。

题 2-6 试对四阶系统 $G(s)=\dfrac{16.41(s+1.95)}{s^4+12s^3+38s^2+52s+32}$,分析其主导极点并对其进行降阶处理(注意偶极子,降阶时需将传递函数化为标准形式),对比两者的单位阶跃响应曲线。

题 2-7 系统的闭环传递函数为:$G(s)=\dfrac{s^4+2s^3+3s^2+2s+1}{s^5+2s^4+6s^3+7s^2+3s+1}$,试用 3 种方法判断闭环系统的稳定性。

实验三　控制系统的根轨迹分析

实验目的

(1)利用 MATLAB 语句完成控制系统的零极点图绘制。
(2)利用 MATLAB 语句完成控制系统的根轨迹作图。
(3)利用根轨迹图进行系统稳定性分析。

实验指导

设单位负反馈控制系统的开环传递函数为：$G_0(s)=k\dfrac{N(s)}{Q(s)}$，则系统的闭环特征方程为：$1+G_0(s)=1+k\dfrac{N(s)}{Q(s)}=0$。当系统中的根轨迹增益 k 从 0 到 $+\infty$ 变化时，闭环特征方程的根在复平面上移动的一组曲线为根轨迹。

MATLAB 绘制控制系统的零极点图及根轨迹图主要使用 pzmap、rlocus、rlocfind、sgrid 等函数。

一、零极点图绘制

1. [p,z]=pzmap(num,den) 或 [p,z]=pzmap(G)

返回传递函数描述系统的极点和零点矢量，但不在屏幕上绘制出零极点图。

例 3-1　系统的开环传递函数为：$G(s)=\dfrac{16(s+1)}{s^4+7s^3+18s^2+22s+12}$，试计算开环零极点。

在 MATLAB 命令窗口输入程序：

```
>> num=[16 16];den=[1 7 18 22 12];
[p,z]=pzmap(num,den) %或 G=tf(num,den);[p,z]=pzmap(G)
```

运行结果：

```
p=
  -3.0000+0.0000i
  -2.0000+0.0000i
  -1.0000+1.0000i
  -1.0000-1.0000i
z=
  -1
```

则系统开环极点为:-3、-2、$-1+i$、$-1-i$,开环零点为:-1。

2. pzmap(num,den) 或 pzmap(G)

不带输出参数项,直接在 s 复平面上绘制出系统对应的零极点位置,零点以符号"○"表示,极点以符号"×"表示。

对例 3-1,在 MATLAB 命令窗口输入程序:

```
>> num=[16 16];den=[1 7 18 22 12];
pzmap(num,den)%或 G=tf(num,den);pzmap(G)
```

运行结果如图 3-1 所示,系统有 4 个开环极点、1 个开环零点。

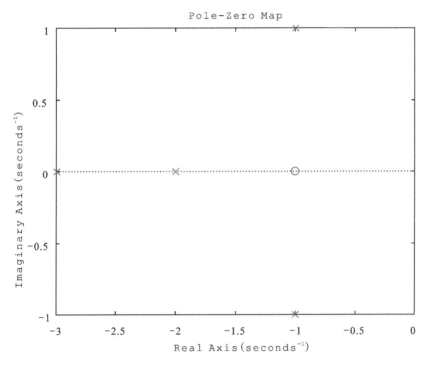

图 3-1 例 3-1 系统开环零极点分布图

3. pzmap(p,z)

根据系统已知的零极点向量(列向量或行向量均可,注意 p 与 z 必须同时为列向量或行向量)直接在 s 复平面上绘制出对应的零极点位置,零点以符号"○"表示,极点以符号"×"表示。

对例 3-1 系统,在 MATLAB 命令窗口输入程序:

```
>> p=[-2,-3,-1+i,-1-i];z=[-1];pzmap(p,z),axis([-3 0 -1 1])
```

运行结果与图 3-1 相同。说明:axis([xmin xmax ymin ymax])命令中 xmin、xmax 与 ymin、ymax 分别表示在绘图时 x、y 轴的上下限。

二、根轨迹图绘制

1. rlocus(num,den)或 rlocus(G)或 rlocus(p,z)

根据系统的开环传递函数(或开环零极点),绘制出系统的根轨迹图,根轨迹增益的值从 0 到 $+\infty$ 变化。用鼠标左键选中曲线上某点,会弹出小方框显示该点坐标值(闭环极点),对应的 k 值、阻尼比、超调量、自然振荡频率等信息。

2. rlocus(num,den,k)或 rlocus(G,k)

通过指定根轨迹增益 k 的变化范围来绘制系统的根轨迹图。

3. r=rlocus(num,den,k)或 [r,k]=rlocus(num,den)

不在屏幕上直接绘出系统的根轨迹图,而根据根轨迹增益变化矢量 k,返回闭环系统特征方程 1+k*num(s)/den(s)=0 的根 r,它有 length(k)行,length(den)-1 列,每行对应某个 k 值时的所有闭环极点。或者同时返回 k 与 r。

说明:若给出传递函数描述系统的分子项 num 为负,则利用 rlocus 函数绘制的是系统的零度根轨迹(正反馈系统或非最小相位系统)。

4. rlocfind( )函数

$$[k,p]=\text{rlocfind}(num,den) 或 [k,p]=\text{rlocfind}(G)$$

它要求在屏幕上已经先绘制好有关的根轨迹图。然后,此命令将产生一个光标以用来选择希望的闭环极点。命令执行结果:k 为对应选择点处根轨迹开环增益;p 为此点处的系统闭环特征根。不带输出参数项[k,p]时,同样可以执行,只是此时只将 k 的值返回到缺省变量 ans 中。

5. sgrid( )函数

在现存的屏幕根轨迹或零极点图上绘制出自然振荡频率 wn、阻尼比矢量 z 对应的格线。调用格式:①sgrid('new'):先清屏,再画等间隔分布的格线。②sgrid(z,wn):绘制由用户指定的阻尼比矢量 z、自然振荡频率 wn 的格线。

例 3-2 系统的开环传递函数为:$G(s)=\dfrac{k}{s(s+1)(s+2)}$,要求:

(1)记录根轨迹的起点、终点与根轨迹的条数。
(2)确定根轨迹的分离点与相应的根轨迹增益。
(3)确定临界根轨迹增益 k_{cr}。
(4)由 rlocfind 函数找出能产生主导极点阻尼比 $\zeta=0.707$ 的合适增益。

在 MATLAB 命令窗口输入程序:

```
>> z=[];p=[0 -1 -2];
k=1;G=zpk(z,p,k);
figure(1);pzmap(G)% figure(n)表示第 n 个图形窗口
figure(2);rlocus(G),title('系统 G(s)=k/s*(s+1)*(s+2)根轨迹图');
```

运行结果如图 3-2—图 3-5 所示,说明如下:

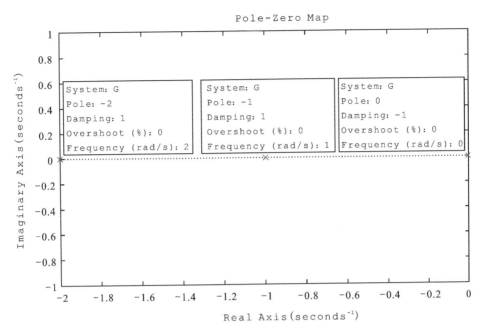

图 3-2 例 3-2 系统开环零、极点分布图

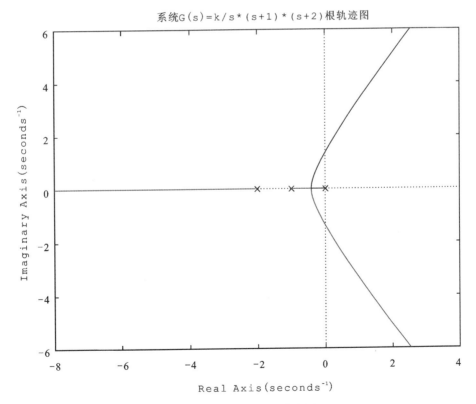

图 3-3 例 3-2 系统根轨迹图 1

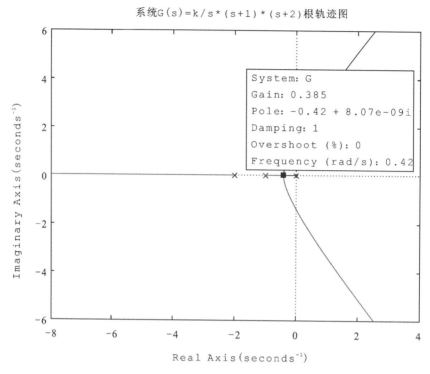

图 3-4 例 3-2 系统根轨迹图 2

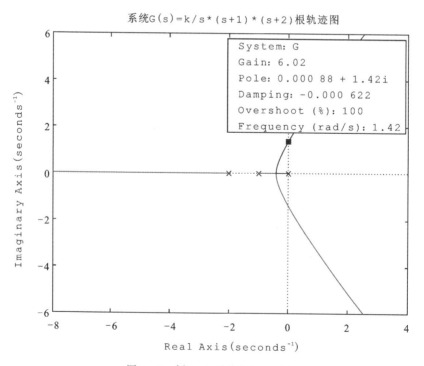

图 3-5 例 3-2 系统根轨迹图 3

(1) 由图 3-2 可知,起点分别为 0,−1,−2,终点为无穷远处,共 3 条根轨迹,根轨迹图如图 3-3 所示。

(2) 在根轨迹上用鼠标左键选中分离点如图 3-4 所示,可知分离点 $d=-0.42$,相应的根轨迹增益 $k=0.385$,也可编程求取分离点及相应的根轨迹增益,在 MATLAB 命令窗口输入程序:

```
>> z=[];p=[0 -1 -2];k=1;G=zpk(z,p,k);rlocus(G)
axis([-0.6 -0.3 -0.2 0.2]),[k,p]=rlocfind(G)
```

运行结果如图 3-6 所示,同时在命令窗口显示:

```
Select a point in the graphics window
selected_point=
    -0.4226-0.0003i
k=
    0.3849
p=
  -2.1547+0.0000i
  -0.4226+0.0003i
  -0.4226-0.0003i
```

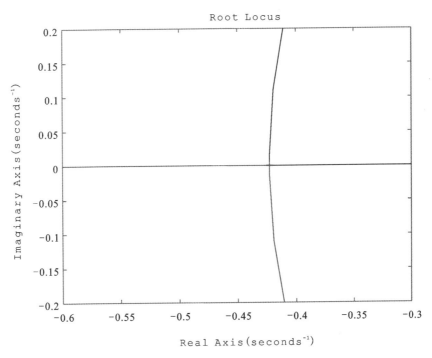

图 3-6 例 3-2 系统根轨迹图 4

可知,分离点坐标为-0.4226,对应 k 为 0.3849,两种方法间存在一定的误差。

(3)同理,由图 3-5 得临界根轨迹增益 $k_\sigma = 6.02$,也可编程求取,在 MATLAB 命令窗口输入程序:

```
>> z=[];p=[0 -1 -2];k=1;G=zpk(z,p,k);rlocus(G);
axis([-1 0.5 -2 2]),[k,p]=rlocfind(G)
```

运行结果如图 3-7 所示,同时在命令窗口显示:

```
Select a point in the graphics window
selected_point=
     -0.0006+1.4148i
k=
    6.0028
p=
  -3.0003+0.0000i
   0.0001+1.4145i
   0.0001-1.4145i
```

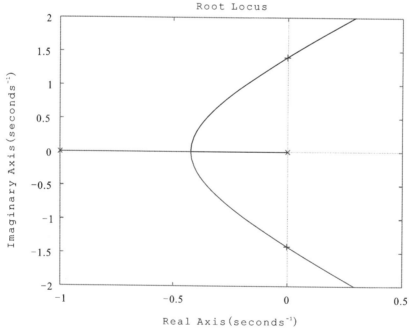

图 3-7 例 3-2 系统根轨迹图 5

可知,临界根轨迹增益 k_σ 为 6.0028,两种方法间存在一定的误差。由计算可知,k_σ 的精确值为 6。

(4)在 MATLAB 命令窗口输入程序:

```
>> G=tf(1,[conv([1,1],[1,2]),0]);zet=[0.1:0.1:1];wn=[1:10];
sgrid(zet,wn);hold on;rlocus(G),axis([-1 0.1 -1 1]),[k,r]=rlocfind(G)
```

运行结果如图 3-8 所示,同时在命令窗口显示:

```
Select a point in the graphics window
selected_point=
     -0.3805+0.3825i
k=
   0.6537
r=
 -2.2364+ 0.0000i
 -0.3818+ 0.3828i
 -0.3818- 0.3828i
```

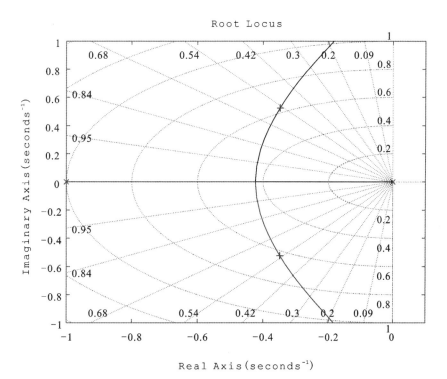

图 3-8 例 3-2 系统根轨迹图 6

可知阻尼比 $\zeta=0.707$ 时的根轨迹增益 k 约为 0.653 7,实际计算值 $\zeta=0.706$ 2,存在一定的误差。此时,主导极点为 $-0.381\ 8\pm0.382\ 8i$,非主导极点为 $-2.236\ 4$。

可以绘制出该增益下闭环系统的单位阶跃响应,在 MATLAB 命令窗口输入程序:

```
>> num=[0.6537];den=conv([1 1 0],[1 2]);[num1,den1]=cloop(num,den);
G1=tf(num1,den1);t=[0:0.1:25];step(G1,t),grid on
```

运行结果如图 3-9 所示。

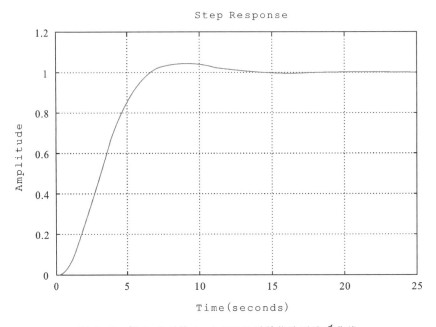

图 3-9 例 3-2 系统 $k=0.6537$ 时单位阶跃响应曲线

说明:由计算可知阻尼比 $\zeta=0.707$ 时的根轨迹增益 k 的精确值为 0.6525,此时,主导极点为 $-0.3820\pm0.3820i$,非主导极点为 -2.2361。

等 ζ 或等 ω_n 线在设计系统补偿器中是相当实用的。

实验内容

题 3-1 已知系统的开环传递函数为:$G(s)=\dfrac{k(s^2+2s+2)}{s(s+4)(s+6)(s^2+4s+4)}$,要求:
(1)计算系统开环零极点,绘制开环零极点图。
(2)绘制系统的根轨迹图。
(3)确定根轨迹的分离点与相应的根轨迹增益。
(4)确定临界根轨迹增益 k_{cr}。

题 3-2 已知系统的开环传递函数为:$G(s)=\dfrac{k(s+1)}{s(s-1)(s^2+4s+16)}$,试绘制系统的根轨迹图,确定闭环系统稳定 k 的取值范围。

题 3-3 已知系统的开环传递函数为:$G(s)=\dfrac{k(s+1)}{s^3+4s^2+2s+9}$,要求:
(1)绘制系统的根轨迹图,要求加注图名为"Root Locus of 题 3-3"。
(2)绘制系统 k 在 (1,10) 范围的根轨迹图。

题 3-4 单位负反馈控制系统的开环传递函数为：$G(s)=\dfrac{K}{s^2(s+2)(s+5)}$，要求：

（1）绘制系统的根轨迹图，判断闭环系统的稳定性。

（2）若附加一个开环零点 -0.5，试判断系统的稳定性，分析由于增加零点所产生的效应，分析附点零点位置（多取几个参数值进行比较，不考虑右半平面零点）对系统稳定性的影响，并得出相关结论。

实验四 控制系统的频域分析

实验目的

(1)利用 MATLAB 作出开环系统的波特图。
(2)利用 MATLAB 作出开环系统的 Nyquist 图。
(3)对控制系统的开环频率特性进行分析,计算稳定裕度。

实验指导

应用频率特性研究线性系统的经典方法称为频域分析法,它是通过研究系统对正弦信号作用下的稳态和动态响应特性来对系统进行分析的,频率特性物理意义明确,并可用多种形式的曲线表示。

一、Nyquist 图(又可称为幅相频率特性图或极坐标图)

对于频率特性函数 $G(j\omega)$,给出 ω 从负无穷到正无穷的一系列数值,分别求出 $Im(G(j\omega))$ 和 $Re(G(j\omega))$。以 $Re(G(j\omega))$ 为横坐标、$Im(G(j\omega))$ 为纵坐标绘制极坐标频率特性图即为 Nyquist 图。

MATLAB 提供了函数 nyquist( )来绘制系统的极坐标图,它的用法如下:

(1)nyquist(num,den)或 nyquist(G)。可绘制出以连续时间多项式传递函数表示的系统的极坐标图,图上用箭头表示 ω 的变化方向,从 $-\infty$ 到 $+\infty$。

(2)nyquist(num,den,w)或 nyquist(G,w)。可利用指定的角频率矢量绘制出系统的极坐标图。

说明:为了指定频率的范围,可采用以下命令格式:

$$logspace(d1,d2) 或 logspace(d1,d2,n)$$

前者是在指定频率范围内按对数距离分成 50 等分,即在 2 个十进制数 $\omega_1=10^{d_1}$ 和 $\omega_2=10^{d_2}$ 之间产生一个由 50 个点组成的分量,向量中的点数 50 是一个默认值。要对计算点数进行人工设定,则采用后者。例如,要在 $\omega_1=1$ 与 $\omega_2=1000$ 之间产生 100 个对数等分点,可使用以下命令:w=logspace(0,3,100)。注意:所取点数越多,作图精度越高。

(3)[re,im,w]= nyquist(num,den)。可得到系统频率特性函数的实部 re 和虚部 im 及角频率点 w 矢量(为正的部分),不作图。如果需要,可以用 plot(re,im)绘制图形。

例 4-1 已知系统的开环传递函数为:$G(s)=\dfrac{s+3}{s^3+3s^2+2s+5}$,试绘制系统的 Nyquist 图,

并判断闭环系统的稳定性。

在 MATLAB 命令窗口输入程序：

```
>> num=[1 3];den=[1 3 2 5];p=roots(den),nyquist(num,den)
```

运行结果如图 4-1 所示，并在命令窗口显示：

p=

　-2.9042+0.0000i

　-0.0479+1.3112i

　-0.0479-1.3112i

分析：开环极点 p 右根数为 0，Nyquist 曲线不包围（-1，j0）点（图中红色加号表示（-1，j0）点），闭环系统稳定。可验证此时闭环极点为：-2.9129，-0.0435±1.6566i。

若要求绘制 $\omega \in (10^0, 10^2)$ 间的 Nyquist 图（500 个对数等分点），则在 MATLAB 命令窗口输入程序：

```
>> num=[1 3];den=[1 3 2 5];w=logspace(0,2,500);nyquist(num,den,w)
```

运行结果如图 4-2 所示。

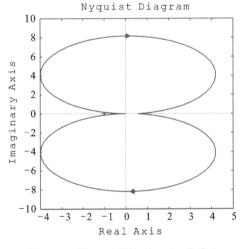

图 4-1　例 4-1 系统 Nyquist 曲线 1

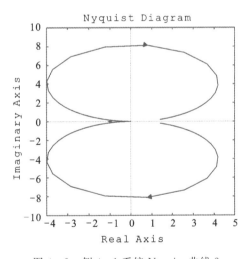

图 4-2　例 4-1 系统 Nyquist 曲线 2

例 4-2　系统的开环传递函数为：$G(s) = \dfrac{50}{(s+5)(s-2)}$，试绘制系统的 Nyquist 图，判断闭环系统稳定性，绘制闭环系统的单位脉冲响应曲线。

(1) 绘制系统的 Nyquist 曲线，在 MATLAB 命令窗口输入程序：

```
>> z=[];p=[-5 2];k=50;sys=zpk(z,p,k);nyquist(sys);grid on;
title('例 4-2 Nyquist Plot of G(s)=50/[(s+5)(s-2)]');
```

运行结果如图 4-3 所示。

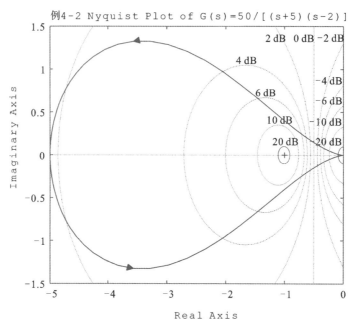

图 4-3 例 4-2 系统 Nuquist 曲线

(2)稳定性分析:系统有一个右半平面开环极点 $p_1=2$,因此 $P=1$,由图 4-3 可知 Nyquist 曲线逆时针包围 $(-1,j0)$ 点 1 周即 $R=1$,因此 $Z=P-R=0$,闭环稳定。

(3)闭环系统单位脉冲响应曲线。

在 MATLAB 命令窗口输入程序:

```
>>z=[];p=[-5 2];k=50;sys=zpk(z,p,k);sys1=feedback(sys,1,-1);impulse(sys1)
grid on;title('例 4-2 闭环系统单位脉冲响应曲线');
```

运行结果如图 4-4 所示,由图亦可得出闭环系统稳定的相同结论。

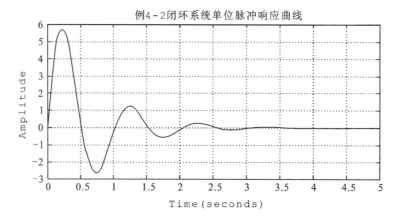

图 4-4 例 4-2 闭环系统脉冲响应曲线图

二、Bode 图(波特图)

Bode 图(又可称为对数频率特性图)包括了对数幅频特性图和对数相频特性图。横坐标为频率 ω,采用对数分度,单位为 rad/s;纵坐标均匀分度,分别为幅值函数 $20\lg A(\omega)$,单位为 dB;相角 $\varphi(\omega)$,单位为(°)。

MATLAB 提供了函数 bode()来绘制系统的波特图,它的用法如下:

(1)bode(num,den)或 bode(G)。可绘制出以连续时间多项式传递函数表示的系统的波特图。

(2)bode(num,den,w)或 bode(G,w)。可利用指定的角频率矢量绘制出系统的波特图。

(3)[mag,pha,w]=bode(num,den,w)。可得到系统波特图相应的幅值 mag、相角 pha 及角频率点 w 矢量或只返回幅值与相角。相角单位为(°),幅值可转换为分贝单位:magdb=$20*\lg10(\text{mag})$。

例 4 - 3 系统的开环传递函数为: $G(s)=\dfrac{25}{s^2+6s+25}$,画出其 Bode 图,并加标题。

在 MATLAB 命令窗口输入程序:

```
>> sys=tf([25],[1 6 25]);bode(sys);
title('例 4-3 Bode Diagram of G(s)=25/(s^2+6s+25)');
```

运行结果如图 4-5 所示。

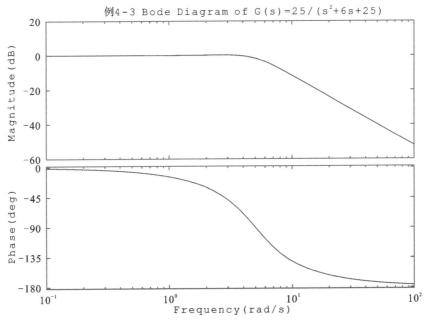

图 4-5 例 4-3 系统 Bode 曲线 1

若指定频率范围为:$(10^{-2},10^3)$,100 个对数等分点并加网格,则在 MATLAB 命令窗口输入程序:

```
>> sys=tf([25],[1 6 25]);w=logspace(-2,3,100);
bode(sys,w);grid on;
title('例4-3 Bode Diagram of G(s)=25/(s^2+6s+25)');
```

运行结果如图4-6所示。

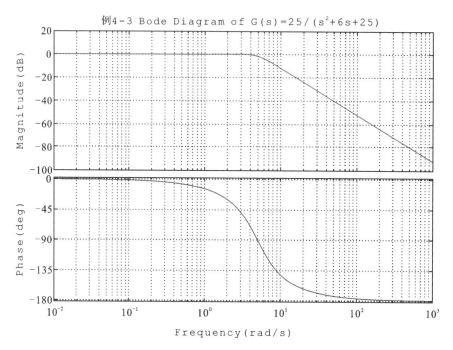

图4-6 例4-3系统Bode曲线2

例4-4 二阶欠阻尼系统的传递函数为：$G(s)=\dfrac{\omega_n^2}{s^2+2\zeta\omega_n s+\omega_n^2}$，取 $\omega_n=6\text{rad/s}$，$\zeta=0.1$，$0.3,0.5,0.7,0.9$，试绘制Bode图。

在MATLAB命令窗口输入程序：

```
>> zeta1=0.1;zeta2=0.3;zeta3=0.5;zeta4=0.7;zeta5=0.9;
sys1=tf([36],[1 12*zeta1 36]);sys2=tf([36],[1 12*zeta2 36]);
sys3=tf([36],[1 12*zeta3 36]);sys4=tf([36],[1 12*zeta4 36]);
sys5=tf([36],[1 12*zeta5 36]);
bode(sys1,'-',sys2,'---',sys3,'*',sys4,'+',sys5,':');
legend('zeta=0.1','zeta=0.3','zeta=0.5','zeta=0.7','zeta=0.9');
title('例4-4 Bode Diagram of second-order system');grid on
```

运行结果如图4-7所示，由图可知 ζ 取值越小，在交接频率处曲线变化越大。

说明：legend命令默认将图例加在对数相频特性图中，若想将图例加在对数幅频特性图中，可将程序中legend()行替换为如下程序：

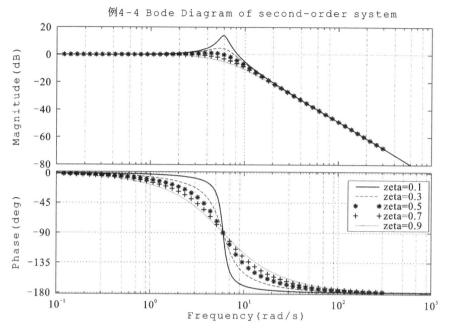

图 4-7 二阶欠阻尼系统 Bode 曲线簇 1

```
ax=findobj(gcf,'Type','axes');
legend([ax(2)],'zeta=0.1','zeta=0.3','zeta=0.5','zeta=0.7','zeta=0.9');
```

运行结果如图 4-8 所示。

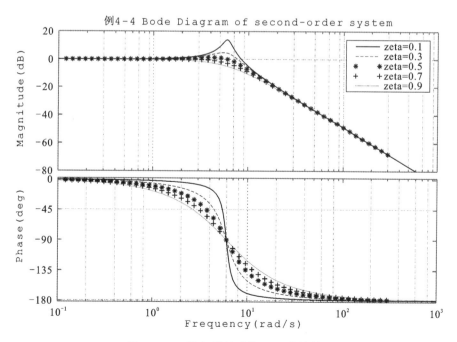

图 4-8 二阶欠阻尼系统 Bode 曲线簇 2

三、幅值裕度和相角裕度

同前面介绍的求时域响应性能指标类似,由 MATLAB 里 bode() 函数绘制的 Bode 图也可以采用游动鼠标法求取系统的幅值裕度和相角裕度。例如,我们可以在幅频曲线上按住鼠标左键游动鼠标,找出纵坐标(Magnitude)趋近于零的点,从提示框图中读出其频率。然后在相频曲线上用同样的方法找到横坐标(Frequency)最接近该频率的点,可读出其相角度数,由此可得,此系统的相角裕度为该相角度数与 180°的和。幅值裕度的计算方法与此类似。

此外,控制系统工具箱中提供了 margin() 函数来求取给定线性系统的幅值裕度和相角裕度,该函数可以由下面格式来调用:

$$[Gm,Pm,Wcg,Wcp]=margin(G)$$

可以看出,幅值裕度与相角裕度可以由对象传递函数 G 求出,返回的变量对(Gm,Wcg)为幅值裕度 h 与穿越频率 ω_x,而(Pm,Wcp)则为相角裕度 γ 与截止频率 ω_c。若得出的裕度值为无穷大,则它的值为 Inf,这时相应的频率值为 NaN(表示非数值)。Inf 和 NaN 均为 MATLAB 软件保留的常数。

例 4 - 5 系统的开环传递函数为:$G(s) = \dfrac{31.6}{s(s+100)(s+10)}$,要求:

(1)作 Bode 图。
(2)计算系统的幅值裕度和相角裕度,并判断系统的稳定性。
①作 Bode 图。
在 MATLAB 命令窗口输入程序:

```
>> G=zpk([],[0 -100 -10],31.6);
bode(G);grid on;
title('例 4-5  G(s)=31.6/[s(s+100)(s+10)] Bode 图');
```

运行结果如图 4 - 9 所示。
②计算系统的幅值裕度和相角裕度。
方法一:游动鼠标,如图 4 - 10 所示,在图中找出相频特性为 -180°的点,可得幅值裕度约为 70.9dB,穿越频率为 31.8rad/s。同样的方法,在图中找出幅频特性为 0dB 的点,可以得到相角裕度约为 89.8°,截止频率为 0.031 6rad/s。

方法二:
在 MATLAB 命令窗口输入程序:

```
>> G=zpk([],[0 -100 -10],31.6);
margin(G);grid on;
[Gm,Pm,Wcg,Wcp]=margin(G),
magdb=20*log10(Gm)
```

运行结果如图 4 - 11 所示,并在命令窗口显示:

实验四 控制系统的频域分析

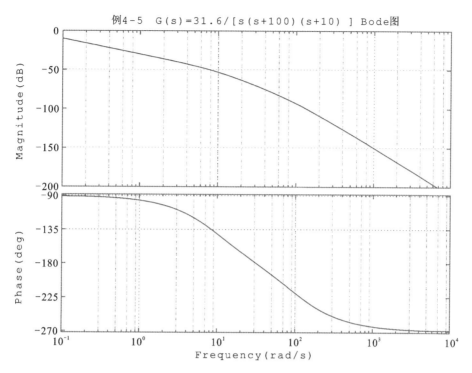

图 4-9 例 4-5 系统 Bode 图 1

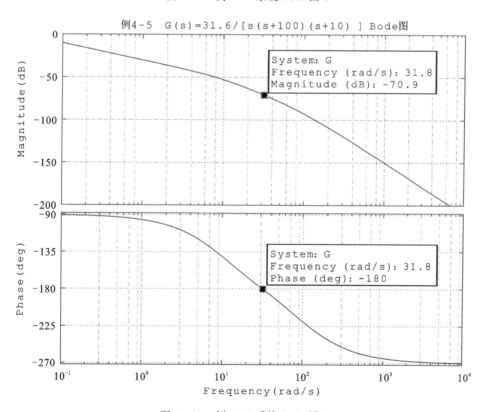

图 4-10 例 4-5 系统 Bode 图 2

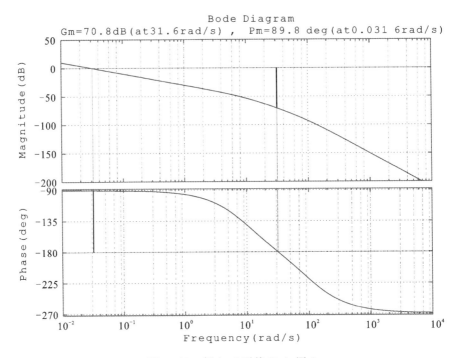

图 4-11 例 4-5 系统 Bode 图 3

```
Gm=
   3.4810e+03
Pm=
   89.8008
Wcg=
   31.6228
Wcp=
   0.0316
magdb=
   70.8341
```

可得系统的幅值裕度为 70.834 1dB,穿越频率为 31.622 8rad/s,相角裕度为 89.800 8°,截止频率为 0.031 6rad/s,由此可知系统闭环稳定。

例 4-6 绘制延迟系统 $G(s)=\dfrac{2}{s+1}e^{-s}$ 的 Nyquist 曲线,判断闭环系统的稳定性。

在 MATLAB 命令窗口输入程序:

```
>>G=tf(2,[1 1],'iodelay',1),%'iodelay'表示延迟,1表示延迟时间
nyquist(G)
```

运行结果如图 4-12 所示,并在命令窗口显示:

```
G =
 
              2
exp(-1*s)*-------
             s+1

Continuous-time transfer function.
```

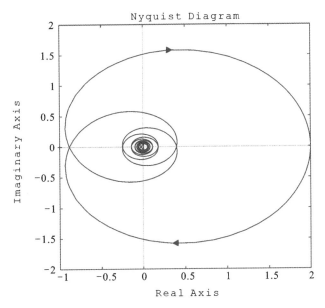

图 4-12　延迟系统(延迟时间为 1s)的 Nyquist 曲线

由图 4-12 可知，曲线不包围 $(-1,j0)$ 点，由于 $P=0$，闭环系统稳定。若延迟时间增大到 2s，则 Nyquist 曲线如图 4-13 所示。

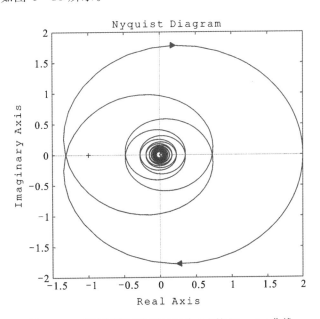

图 4-13　延迟系统(延迟时间为 2s)的 Nyquist 曲线

由图 4-13 可知,曲线顺时针包围(-1,j0)点 2 周,闭环系统不稳定,且有 2 个右半平面闭环极点。

实验内容

题 4-1 作下列系统的 Bode 图,并加标题和网格。

(1) $G(s) = \dfrac{16}{s^2 + 4.8s + 16}$。

(2) $G(s) = \dfrac{9(s^2 + 0.2s + 1)}{s(s^2 + 1.2s + 9)}$。

题 4-2 系统的开环传递函数为: $G(s) = \dfrac{1}{s^2 + 0.8s + 1}$,绘制 Nyquist 图,并加标题和网格。

题 4-3 若系统的开环传递函数为: $G(s) = \dfrac{K}{s(s+1)(s+5)}$,选取不同的 K(至少 5 个值,临界值为 30,要注意分别取小于 30、等于 30、大于 30 的值对比曲线和负实轴的交点与(-1,j0)点的位置关系,分别画 5 幅图),绘制系统的 Nyquist 图,判断闭环系统的稳定性,分析实验结果,得出结论。

题 4-4 已知系统的开环传递函数为: $G(s) = \dfrac{5}{s(s+1)(0.1s+1)}$,绘制 Bode 图,求系统的开环截止频率、穿越频率、幅值裕度和相角裕度。

题 4-5 若单位反馈系统的开环传递函数为: $G(s) = \dfrac{K}{s+1} e^{-0.8s}$,试通过绘制 Nyquist 图确定使系统稳定的 K 值范围(提示: $0 < K < 2.65$)。

实验五　控制系统校正

实验目的

(1) 掌握控制系统频域范围内的分析校正常用方法。
(2) 掌握用频率特性法进行串联超前与串联滞后校正设计的思路和步骤。
(3) 对于给定的控制系统,设计满足频域性能指标的串联超前或滞后校正装置,并通过仿真结果验证校正设计的准确性。
(4) 对于给定的二阶系统,设计速度反馈校正装置,满足系统性能指标要求,并通过仿真结果验证设计的准确性。

实验指导

所谓校正,是在系统中加入一些参数可以根据需要而改变的机构或装置,使系统整个特性发生变化,从而满足给定的各项性能指标。工程实践中常用的 3 种校正方法为串联校正、反馈校正和复合校正。如果系统设计要求满足的性能指标属频域特征量,则通常采用频域校正方法。

本实验要求掌握:①在开环系统对数频率特性的基础上,以满足稳态误差、开环系统截止频率和相角裕度等要求为出发点,进行串联超前和串联滞后校正的方法;②对于给定的二阶系统,进行速度反馈校正装置设计满足系统性能指标要求。

一、基于频率法的串联超前校正

利用超前网络进行串联校正的基本原理是利用其相角超前特性,关键在于正确地将超前网络的交接频率 $1/aT$ 和 $1/T$ 选在待校正系统截止频率的两旁,适当选择参数 a 和 T,使得已校正系统的截止频率和相角裕度满足性能指标的要求,改善闭环系统的动态性能。闭环系统的稳态性能要求,可通过选择已校正系统的开环增益来保证。

利用 MATLAB 可以方便地画出 Bode 图并求出幅值裕度和相角裕度。将 MATLAB 应用到经典理论的校正方法中,可以方便地校验系统校正前后的性能指标。在需要时可以通过反复试探不同校正参数对应的不同性能指标,从而设计出最佳的校正装置。

例 5-1　设控制系统如图 5-1 所示。若要求系统在单位斜坡输入信号作用时,位置输出稳态误差大于不于 0.1,开环系统截止频率不小于 4.4rad/s,相角裕度不小于 45°,幅值裕度不小于 10dB,试设计串联超前网络。

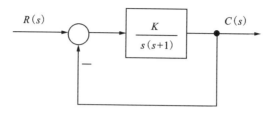

图 5-1 例 5-1 待校正系统

1. 计算待校正系统的性能指标

根据系统稳定误差的要求,选择开环增益 $K \geq 1/e_{ss} = 10$,则待校正系统开环传递函数为:$G_0(s) = \dfrac{10}{s(s+1)}$,首先计算待校正系统的幅值裕度与相角裕度,绘制 Bode 图。在 MATLAB 命令窗口输入程序:

```
>> num=10;den=[1 1 0];G=tf(num,den);% 校正前模型
bode(G),grid on% 绘制校正前系统的 Bode 图
[Gw,Pw,Wcg,Wcp]=margin(G)% 计算校正前系统的相角裕度和幅值裕度
```

得到校正前系统的 Bode 图如图 5-2 所示。

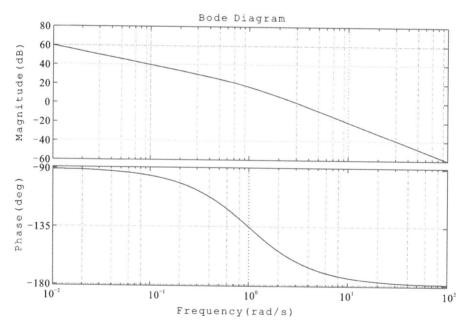

图 5-2 待校正系统的 Bode 图

在命令窗口显示运行结果:

```
Gw=
    Inf
```

```
Pw=
    17.9642
Wcg=
    Inf
Wcp=
    3.0842
```

可得,系统的相角裕度 $\gamma=17.9642°$,截止频率 $\omega_c=3.0842\text{rad/s}$,均不满足要求。分析:系统相角裕度小的原因,是因为待校正系统的对数幅频特性中频区的斜率为 -40dB/dec。由于截止频率和相角裕度均低于指标要求,故采用串联超前校正是合适的。

2. 计算超前网络参数

试选 $\omega_m=\omega_c=4.4\text{rad/s}$,由图 5-2 查得 $L(\omega_m)=-6\text{dB}$。也可在 MATLAB 命令窗口输入程序进行计算:

```
>> wm=4.4;[mag1,phase1]=bode(G,wm);lwm=20*log10(mag1)
```
运行结果:
```
lwm=
    -5.9568
```

为保证 ω_m 为校正后系统的截止频率,有: $L_c(\omega_m)=10\lg a=-L(\omega_m)=6$,同时超前校正网络 $\omega_m=\dfrac{1}{T\sqrt{a}}=4.4$,进行计算,在 MATLAB 命令窗口输入程序:

```
>> a=10^(-lwm/10),T=1/(wm*sqrt(a))
```
运行结果:
```
a=
    3.9417
T=
    0.1145
```

由 $G_c(s)=\dfrac{1+aTs}{1+Ts}$,在 MATLAB 命令窗口输入程序:

```
>> numc=[a*T 1];denc=[T 1];Gc=tf(numc,denc)
```
运行结果:
```
Gc=
    0.4512 s+1
    -----------
    0.1145 s+1

Continuous-time transfer function.
```

即为超前网络的传递函数。

3. 校验

作出校正前后系统的 Bode 图，计算并校验校正后系统的性能指标是否满足要求。在 MATLAB 命令窗口输入程序：

```
>>[num1,den1]=series(num,den,numc,denc);
G1=tf(num1,den1)%校正后系统的开环传递函数
[Gw1,Pw1,Wcg1,Wcp1]=margin(num1,den1)
magdb1= 20*log10(Gw1)%计算校正后系统的相角裕度和幅值裕度
bode(G,'-',G1,'--')%作 Bode 图，校正前为实线，校正后为虚线
legend('校正前','校正后')
```

运行结果如图 5-3 所示，并在命令窗口显示：

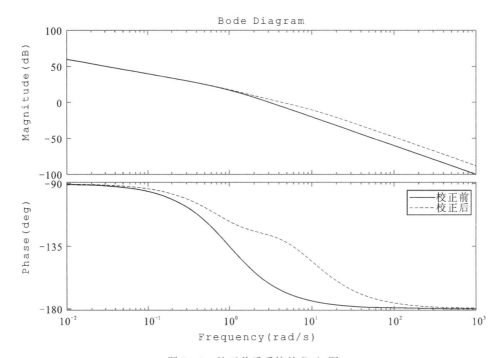

图 5-3　校正前后系统的 Bode 图

```
G1=
     4.512 s+ 10
   ---------------------
   0.1145 s^3+1.114 s^2+s
Continuous-time transfer function.
Gw1=
   Inf
Pw1=
   49.3369
```

```
Wcg1=
    Inf
Wcp1=
    4.4000
magdb1=
    Inf
```

可以得出,在串联超前校正后系统的相角裕度增加到 $49.3°$,开环截止频率为 4.4rad/s,幅值裕度仍为正无穷,全部性能指标均已满足设计要求。

二、基于频率法的串联滞后校正

利用滞后网络进行串联校正的基本原理:利用滞后网络的高频幅值衰减特性,使已校正系统截止频率下降,从而使系统获得足够的相角裕度。要注意滞后网络的最大滞后角应力求避免发生在系统截止频率附近。

例 5-2 设控制系统如图 5-4 所示。若要求校正后系统的静态速度误差系数等于 30,相角裕度不低于 $40°$,幅值裕度不小于 10dB,截止频率不小于 2.3rad/s,试设计串联校正装置。

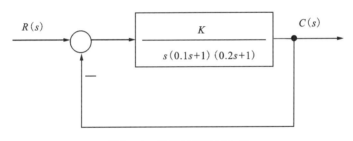

图 5-4 待校正系统结构图

1. 计算待校正系统性能指标

由于 $K_v=30$,待校正系统开环传递函数应取为: $G_0(s)=\dfrac{30}{s(0.1s+1)(0.2s+1)}$,计算待校正系统的幅值裕度与相角裕度,绘制 Bode 图。在 MATLAB 命令窗口输入程序:

```
>> num=30;den=conv(conv([1,0],[0.1,1]),[0.2,1]);
G=tf(num,den);%校正前模型
bode(G),grid on %绘制校正前系统的 Bode 图
[Gw,Pw,Wcg,Wcp]=margin(G)%计算校正前系统的相角裕度和幅值裕度
```

得到校正前系统的 Bode 图如图 5-5 所示。

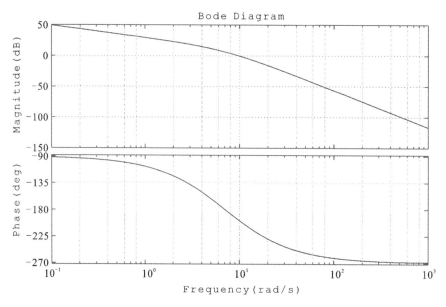

图 5-5 待校正系统的 Bode 图

在命令窗口显示运行结果(前 3 行警告信息为红色字体):

警告: The closed-loop system is unstable.

> InctrlMsgUtils.warning (line 25)
  InDynamicSystem/margin (line 65)
Gw=
    0.5000

Pw=
   -17.2390

Wcg=
    7.0711

Wcp=
    9.7714

警告信息提示系统不稳定,同时可得系统的相角裕度 $\gamma=-17.239°$,且截止频率 $\omega_c=9.77\text{rad/s}$,远大于要求值。在这种情况下采用串联超前校正是无效的。考虑到本例对系统截止频率值要求不大,故选用串联滞后校正可以满足需要的性能指标。

2. 计算滞后网络参数

根据对相角裕度的要求,选择相角为 $\varphi=-180°+\gamma^*+\varepsilon(\varepsilon=5°\sim10°$,这里取为 $6°,\gamma^*=40°)$ 处的频率作为校正后系统的截止频率,在 MATLAB 命令窗口输入程序:

>> e=6;r=40;phi=-180+r+ e;%校正后截止频率处的相频特性值

```
w=logspace(-1,1,1000);[mag,phase]=bode(num,den,w);
[i1,ii]=min(abs(phase-phi));%找出最接近phi的值i1和对应的位置点ii
wc=w(ii)%求校正后截止频率
```
运行结果：
```
wc=
    2.7380
```

可知该点对应的频率为 2.738rad/s，由于指标要求 $\omega_c \geqslant 2.3$rad/s，故 ω_c 值可在 2.3～2.738rad/s 范围内任取。考虑到 ω_c 取值较大时，已校正系统响应速度较快，且滞后网络时间常数 T 值较小，便于实现，故选取 $\omega_c=2.738$rad/s。可计算待校正系统在该点的幅值 $L(\omega_c)$，由 $20\lg b=-L(\omega_c)$ 可计算出 b，再根据 $\dfrac{1}{bT}=\dfrac{\omega_c}{10}$ 可得出参数 T，即可求出滞后网络的传递函数为：$G_c(s)=\dfrac{bTs+1}{Ts+1}$。在MATLAB命令窗口输入程序：

```
>>[mag1,phase1]=bode(G,wc);lwc=20*log10(mag1),b=10^(-lwc/20),
T=10/(b*wc),numc=[b*T,1];denc=[T,1];Gc=tf(numc,denc)
```
运行结果：
```
lwc=
    19.3407
b=
    0.1079
T=
    33.8531
Gc=
   3.652 s+ 1
   ----------
   33.85 s+ 1
Continuous-time transfer function.
```

即滞后校正网络的传递函数为：$G_c(s)=\dfrac{3.652s+1}{33.85s+1}$。

3. 校验

作出校正前后系统的 Bode 图，计算并校验校正后系统的性能指标是否满足要求。在 MATLAB 命令窗口输入程序：

```
>>[num1,den1]=series(num,den,numc,denc);
G1=tf(num1,den1)%校正后系统的开环传递函数
[Gw1,Pw1,Wcg1,Wcp1]=margin(num1,den1)
magdb1=20*log10(Gw1)%计算校正后系统的相角裕度和幅值裕度
bode(G,'-',G1,'--')%作Bode图，校正前为实线，校正后为虚线
legend('校正前','校正后')
```

运行结果如图 5-6,并在命令窗口显示:

```
G1=
        109.6 s+ 30
    ------------------------------
    0.6771 s^4+10.18 s^3+34.15 s^2+s
Continuous-time transfer function.
Gw1=
    4.2941
Pw1=
    40.7637
Wcg1=
    6.8070
Wcp1=
    2.7483
magdb1=
    12.6575
```

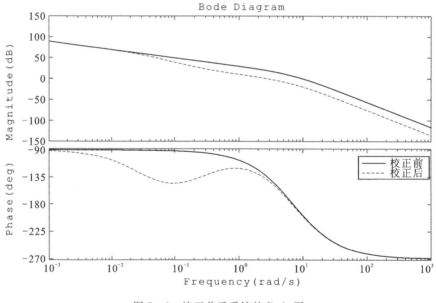

图 5-6　校正前后系统的 Bode 图

可以得出,在串联滞后校正后系统的相角裕度增加到 40.763 7°,开环截止频率为 2.748 3rad/s,幅值裕度为 12.657 5dB,全部性能指标均已满足设计要求。

三、二阶(欠阻尼)系统的速度反馈校正

输出量的导数可以用来改善系统的性能,通过将输出的速度信号反馈到系统输入端并与误差信号比较,可以增大二阶系统的阻尼,改善系统的动态性能。

二阶系统结构图如图 5-7 所示。

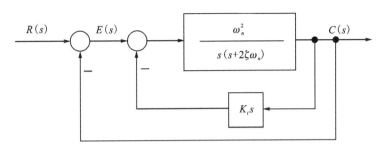

图 5-7　速度反馈控制的二阶系统

加反馈前系统的闭环传递函数为：$\Phi(s)=\dfrac{\omega_n^2}{s^2+2\zeta\omega_n s+\omega_n^2}$，加反馈后系统的闭环传递函数为：$\Phi'(s)=\dfrac{\omega_n^2}{s^2+2\left(\zeta+\dfrac{1}{2}K_t\omega_n\right)\omega_n s+\omega_n^2}=\dfrac{\omega_n^2}{s^2+2\zeta_t\omega_n s+\omega_n^2}$，则校正后系统的阻尼比 $\zeta_t=\zeta+\dfrac{1}{2}K_t\omega_n$。可见，二阶系统的速度反馈校正可以增大系统的阻尼，改善系统动态性能，同时不影响系统的自然频率，反馈校正系数 K_t 可由公式 $K_t=2(\zeta_t-\zeta)/\omega_n$ 计算得到。

例 5-3　设二阶系统的开环传递函数为：$G(s)=\dfrac{10}{s(s+1)}$，加速度反馈后系统结构图如图 5-7 所示，试确定使校正后系统阻尼比为 0.5 的 K_t 值，并计算系统校正前后的各项动态性能指标。

1. 二阶系统性能指标计算

在 MATLAB 命令窗口输入程序：

```
>> num=10;den=[1 1 0];G0=tf(num,den);%校正前开环传递函数
G=feedback(G0,1)%求校正前闭环传递函数
wn=sqrt(num),zeta=den(2)/(2*wn)%计算无阻尼自然频率与阻尼比
C=dcgain(G);[y,t]=step(G);[Y,k]=max(y);
timetopeak=t(k),overshoot=100*(Y-C)/C %计算峰值时间和超调量
n=1;
while y(n)< C
    n=n+1;
end
risetime=t(n)%计算上升时间
n=length(t);
while(y(n)> 0.98*C)&(y(n)< 1.02*C)
    n=n-1;
end
settlingtime=t(n)%计算调节时间
```

运行结果：

```
G=
     10
   ---------
   s^2+s+10
Continuous-time transfer function.
wn=
    3.1623
zeta=
    0.1581
timetopeak=
    1.0131
overshoot=
    60.4530
risetime=
    0.6447
settlingtime=
    7.2762
```

可知阻尼比为 0.158 1,超调量为 60.453%,调节时间为 7.272 6s。说明:无阻尼自然频率与阻尼比的计算也可通过语句[wn,zeta]=damp(G.den{1})实现,但它的返回值为 2 维列向量。

2. 反馈校正计算及单位阶跃曲线的绘制

在 MATLAB 命令窗口输入程序:

```
>> zetat=0.5;Kt=(zetat-zeta)*2/wn,num1=wn^2;den1=[1 2*zetat*wn wn^2];
G1=tf(num1,den1),C1=dcgain(G1);[y1,t1]=step(G1);[Y1,k1]=max(y1);
timetopeak1=t1(k1),overshoot1=100*(Y1-C1)/C1 %计算峰值时间和超调量
n=1;
while y1(n)< C1
    n=n+1;
end
risetime1=t1(n)%计算上升时间
i=length(t1);
while(y1(i)> 0.98*C1)&(y1(i)< 1.02*C1)
    i=i- 1;
end
settlingtime1=t1(i)% 计算调节时间
step(G,'-',G1,'--'),grid on,legend('校正前','校正后')
```

运行结果如图 5-7 所示,并在命令窗口显示:

```
  Kt=
     0.2162
G1=
          10
   ---------------
   s^2+3.162 s+10
Continuous-time transfer function.
timetopeak1=
    1.1359
overshoot1=
    16.2929
risetime1=
    0.7864
settlingtime1=
    2.5339
```

可见,速度反馈校正系数 K_t 为 0.216 2,校正后系统的超调量为 16.292 9%,调节时间为 2.533 9s,动态性能得到明显改善。

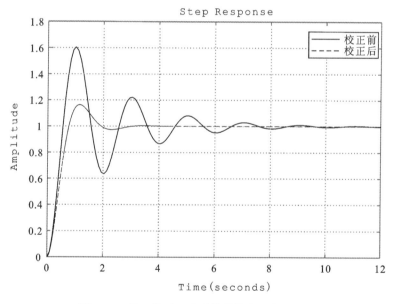

图 5-7 校正前后二阶系统单位阶跃响应曲线

实验内容

题 5-1 已知某单位负反馈系统的开环传递函数为: $G(s)=\dfrac{K}{s(s+1)}$,试设计串联超前校正装置,使校正后系统的静态速度误差系数等于 20,相角裕度不小于 45°,截止频率不小于

8rad/s,分析超前校正装置的校正作用特点,讨论超前校正装置对于阶跃响应调节时间 t_s 的影响。

题 5-2 某单位负反馈系统的开环传递函数为: $G(s)=\dfrac{40}{s(0.2s+1)(0.062\,5s+1)}$,试设计串联滞后校正装置,使校正后系统相角裕度不小于 $50°$,幅值裕度不小于 15dB,截止频率不小于 2rad/s,分析滞后校正装置的作用。

题 5-3 二阶系统的开环传递函数为: $G(s)=\dfrac{8}{s(s+1)}$,加速度反馈后系统结构图如图 5-7 所示,试确定使校正后系统超调量不大于 5% 的 K_t 值,计算系统校正前后的各项动态性能指标,绘制校正前后系统的单位阶跃响应曲线(在同一幅图里),分析速度反馈对二阶系统性能的影响。

实验六 离散控制系统分析

实验目的

(1)利用 MATLAB 实现 z 变换与 z 反变换。
(2)利用 MATLAB 建立离散控制系统的数学模型。
(3)分析离散控制系统的稳定性。

实验指导

一、z 变换和 z 反变换

MATLAB 提供了符号运算工具箱(Symbolic Math Toolbox),可方便地进行 z 变换和 z 反变换,进行 z 变换的函数是 ztrans,进行 z 反变换的函数是 iztrans。

1. z 变换

ztrans 函数调用格式:
(1)F=ztrans(f):对 f(n)进行 z 变换,其结果为 F(z)。
(2)F=ztrans(f,v):对 f(n)进行 z 变换,其结果为 F(v)。
(3)F=ztrans(f,u,v):对 f(u)进行 z 变换,其结果为 F(v)。

2. z 反变换

iztrans 函数调用格式:
(1)f=iztrans(F):对 F(z)进行 z 反变换,其结果为 f(n)。
(2)f=iztrans(F,u):对 F(z)进行 z 反变换,其结果为 f(u)。
(3)f=iztrans(F,v,u):对 F(v)进行 z 反变换,其结果为 f(u)。

注意:在调用函数 ztran()及 iztran()之前,要用 syms 命令对所有需要用到的变量(如 T、n、u、v)等进行说明,即要将这些变量说明成符号变量。

例 6-1 求函数 $f(t)=t$ 的 z 变换。

在 MATLAB 命令窗口输入程序:

```
>> syms n T %创建符号变量,T 为采样周期
F= ztrans(n*T)%函数 f(t)的 z 变换
```
运行结果:
F=

(T*z)/(z-1)^2

若在 MATLAB 命令窗口输入程序：

```
>> syms n T v
F=ztrans(n*T,v)
```

则运行结果为：

F=

(T*v)/(v-1)^2

若在 MATLAB 命令窗口输入程序：

```
>> syms u T v
F=ztrans(u*T,u,v)
```

则运行结果为：

F=

(T*v)/(v-1)^2

例 6-2 求函数 $f(t)=\sin\omega t$ 的 z 变换。

在 MATLAB 命令窗口输入程序：

```
>> syms n w T z
f=sin(n*w*T);F=ztrans(f,n,z)
pretty(F)%显示函数的习惯书写形式
```

运行结果：

F=

(z*sin(T*w))/(z^2-2*cos(T*w)*z+ 1)

```
      z sin(T w)
  ---------------
       2
    z  -cos(T w)z 2+1
```

例 6-3 求函数 $F(s)=\dfrac{1}{s(s+1)}$ 的 z 变换。

首先进行拉氏反变换，在 MATLAB 命令窗口输入程序：

```
>> syms t s%创建符号变量
F= ilaplace(1/s/(s+1),t)%函数的拉氏反变换
```

运行结果：

F=

1-exp(-t)

然后进行 z 变换，输入程序：

```
>> syms n T z %创建符号变量,T 为采样周期
F1=ztrans(1-exp(-n*T)),pretty(F1)%函数 1-exp(-t)的 z 变换
```

运行结果:
F1=
z/(z-1)-z/(z-exp(-T))

```
   z         z
 ----- - --------
  z-1    z-exp(-T)
```

例 6-4 已知离散信号的 z 变换式为 $F(z)=\dfrac{2z}{2z-1}$,求它所对应的离散信号 $f(k)$。

在 MATLAB 命令窗口输入程序:

```
>> syms k z
F=2*z/(2*z-1);%定义 z 变换表达式
f=iztrans(F,k)%求 z 反变换
```
运行结果:
f=
(1/2)^k

3. 部分分式展开求 z 反变换

MATLAB 信号处理工具箱提供了一个对 $F(z)$ 进行部分分式展开的函数 residuez,调用格式为:
$$[R,P,K]=\text{residuez}(B,A)$$
式中,B、A 分别表示 $F(z)$ 的分子与分母多项式的系数向量,按 z^{-1} 升幂排列;R 为部分分式的系数向量;P 为极点向量;K 为多项式系数。

$$F(z)=K+\frac{R_1}{1-P_1 z^{-1}}+\cdots+\frac{R_n}{1-P_n z^{-1}} \tag{6-1}$$

例 6-5 设 $F(z)=\dfrac{10z^{-1}}{1-1.2z^{-1}+0.2z^{-2}}$,用部分分式展开法求其 z 反变换。

在 MATLAB 命令窗口输入程序:

```
>> B=[0 10];A=[1 -1.2 0.2];[R,P,K]=residuez(B,A)
```
运行结果:
R=
   12.5000
  -12.5000
P=
    1.0000
    0.2000
K=
   []

因此 $F(z)=12.5\left(\dfrac{1}{1-z^{-1}}-\dfrac{1}{1-0.2z^{-1}}\right)$，它的 z 反变换式为：
$$f(k)=12.5(1-0.2^k), k=0,1,2,\cdots$$

二、离散控制系统的数学模型

1. 数学模型的建立

(1) sys=tf(num,den,Ts)。返回离散系统的传递函数模型，num 与 den 分别为系统的分子、分母多项式系数向量，Ts 为采样周期，当 Ts=−1 或[]时，表示系统的采样周期未定义。

(2) sys=zpk(z,p,k,Ts)。用来建立离散系统的零极点增益模型，Ts 为采样周期。

例 6 - 6 已知离散系统的脉冲传递函数为：$G(z)=\dfrac{0.01z^2+0.02z-0.05}{z^3-2.2z^2+2.5z-0.6}$，用 MATLAB 建立系统的数学模型。

在 MATLAB 命令窗口输入程序：

```
>> num=[0.01 0.02 -0.05];den=[1 -2.2 2.5 -0.6];
G=tf(num,den,-1)
```

运行结果：

```
G=
    0.01 z^2+0.02 z-0.05
    --------------------
    z^3-2.2 z^2+2.5 z-0.6

Sampling time: unspecified
Discrete-time transfer function.
```

例 6 - 7 已知离散系统的脉冲传递函数为：$G(z)=\dfrac{2(z-0.4)}{(z-0.5)(z-0.8)}$，采样周期为 $1s$，用 MATLAB 建立系统的数学模型。

在 MATLAB 命令窗口输入程序：

```
>> z=0.4;p=[0.5 0.8];k=2;Ts=1;
sys=zpk(z,p,k,Ts)
```

运行结果：

```
sys=
      2 (z-0.4)
    ---------------
    (z-0.5)(z-0.8)

Sample time: 1 seconds
Discrete- time zero/pole/gain model.
```

(3) sys=filt(num,den)。用来建立采样周期未指定的脉冲传递函数。

(4) sys=filt(num,den,Ts)。用来建立一个采样周期由 Ts 指定的脉冲传递函数。

(5)printsys(num,den,'z')。输出离散控制系统的脉冲传递函数。

对例 6-6,在 MATLAB 命令窗口输入程序：

```
>> num=[0.01 0.02-0.05];den=[1 -2.2 2.5 -0.6];
G=filt(num,den)
printsys(num,den,'z')
```

运行结果：

```
G=
    0.01+0.02 z^-1-0.05 z^-2
    ---------------------------
    1-2.2 z^-1+2.5 z^-2-0.6 z^-3
Sampling time: unspecified
Discrete-time transfer function.
num/den=
    0.01 z^2+0.02 z-0.05
    ----------------------
    z^3-2.2 z^2+2.5 z-0.6
```

2. 数学模型的相互转换

(1)[z,p,k]=tf2zp(num,den)。
(2)[num,den]=zp2tf(z,p,k)。

其中 z、p、k 分别为系统的零点向量、极点向量和增益,num、den 分别为系统的传递函数模型分子与分母多项式系数向量。

对例 6-6,在 MATLAB 命令窗口输入程序：

```
>> num=[0.01 0.02-0.05];den=[1 -2.2 2.5 -0.6];
[z,p,k]=tf2zp(num,den),G=zpk(z,p,k,-1)
```

运行结果：

```
z=
  -3.4495
   1.4495
p=
  0.9427+1.0090i
  0.9427-1.0090i
  0.3147+0.0000i
k=
   0.0100
G=
     0.01 (z+3.449)(z-1.449)
     -------------------------
     (z-0.3147)(z^2-1.885z+1.907)
```

Sampling time: unspecified
Discrete-time zero/pole/gain model.

对于例 6-7,在 MATLAB 命令窗口输入程序:

```
>> z=0.4;p=[0.5 0.8];k=2;Ts=1;
sys=zpk(z,p,k,Ts);[num,den]=zp2tf(z,p,k),
G=tf(num,den,Ts)
```

运行结果:
```
num=
        0    2.0000   -0.8000
den=
   1.0000   -1.3000    0.4000
G=
    2 z-0.8
   ---------------
   z^2-1.3 z+0.4
Sample time: 1 seconds
Discrete-time transfer function.
```

3. 连续时间系统模型转换为离散时间系统模型

$$sysd = c2d(sysc, Ts, 'method')$$

'method'的功能说明:'zoh'表示零阶保持器法;'foh'表示一阶保持器法;'tustin'表示双线性变换法;'impulse'表示脉冲响应不变法即直接求 z 变换。默认的是'zoh',且所有方式大小写均可以。

例 6-8 已知连续系统模型 $F(s)=\dfrac{1}{s(s+1)}$,用零阶保持器法将此连续系统离散化,采样周期 $T=0.1s$。

在 MATLAB 命令窗口输入程序:

```
>> num=1;den=[1 1 0];T=0.1;
G=tf(num,den),Gd=c2d(G,T,'zoh')
```

运行结果:
```
G=
     1
   ------
   s^2+s
Continuous-time transfer function.
Gd=
   0.004837 z+0.004679
   --------------------
   z^2-1.905 z+0.9048
```

Sample time: 0.1 seconds
Discrete-time transfer function.

4. 多模块数学模型的建立

串联、并联、反馈连接等效脉冲传递函数求取方法与实验一中连续系统相同,这里不再说明。

注意:串联时环节之间有无采样开关,其脉冲传递函数是不相同的。

(1)串联环节间有采样开关。设离散系统如图 6-1 所示,系统的脉冲传递函数为:$G(z) = G_1(z)G_2(z)$。

(2)串联环节间无采样开关。设离散系统如图 6-2 所示,系统的脉冲传递函数为:$G(z) = G_1G_2(z)$。

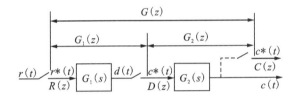
图 6-1 串联环节之间有采样开关

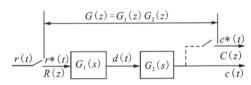
图 6-2 串联环节之间无采样开关

例 6-9 设开环离散系统分别如图 6-1、图 6-2 所示,其中 $G_1(s)=1/s$,$G_2(s)=1/(s+1)$,采样周期 $T=0.1$s,试分别求系统的脉冲传递函数 $G(z)$。

对图 6-1,在 MATLAB 命令窗口输入程序:

```
>> T=0.1;
num1=1;den1=[1 0];G1=tf(num1,den1);Gd1=c2d(G1,T,'impulse');
num2=1;den2=[1 1];G2=tf(num2,den2);Gd2=c2d(G2,T,'impulse');
Gd=series(Gd1,Gd2)
```

运行结果:

```
Gd=
        0.01z^2
      -------------------
      z^2-1.905 z+0.9048
Sample time: 0.1 seconds
Discrete-time transfer function.
```

对图 6-2,在 MATLAB 命令窗口输入程序:

```
>> T=0.1;
num1=1;den1=[1 0];G1=tf(num1,den1);
num2=1;den2=[1 1];G2=tf(num2,den2);
G=series(G1,G2);Gd=c2d(G,T,'impulse')
```

运行结果：
Gd=

```
    0.009516 z+2.113e-018
    ----------------------
    z^2-1.905 z+0.9048
Sample time: 0.1 seconds
Discrete-time transfer function.
```

对比可知，两者的脉冲传递函数是不同的，但不同之处仅表现在其零点不同，极点仍然一样，这是离散系统特有的现象。

三、离散系统的稳定性分析

离散控制系统闭环稳定的充要条件是闭环脉冲传递函数的全部极点均位于 z 平面的单位圆内。

1. 求出闭环极点判断稳定性

判断离散控制系统稳定性最直接的方法是利用 roots() 函数求取闭环脉冲传递函数的特征方程的根，然后根据根的位置来进行判断。

同时，可利用 dstep()、dimplulse()、dlsim() 函数分别求取离散系统的阶跃、脉冲、任意输入时的响应。调用格式为：

(1)dstep(numd,dend,n)：绘制离散系统的单位阶跃响应曲线，numd、dend 分别为脉冲传递函数分子、分母多项式系数，n 为用户指定的采样点数。

y=dstep(num,den,n)：不绘制阶跃响应曲线，返回输出数值序列 y。

(2)dimpulse(numd,dend,n)：绘制离散系统的单位脉冲响应曲线。

(3)dslim(numd,dend,u)：绘制离散系统任意输入时的响应曲线，u 为输入信号。

例 6-10 设离散控制系统如图 6-3 所示，其中 $G_1(s)$ 是零阶保持器，$G_2(s)=\dfrac{K}{s(0.25s+1)}$。试求：

(1)采样周期 $T=1s$ 时，分别取 $K=1$、$K=5$ 时分析系统的稳定性。

(2)$K=1$ 时，分别取 $T=2s$、$T=3s$ 时分析系统的稳定性。

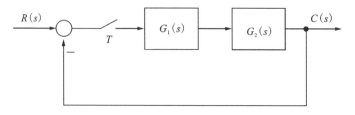

图 6-3 离散控制系统结构图

(1)$T=1s$ 时，取 $K=1$，在 MATLAB 命令窗口输入程序：

```
>> T=1;num=1;den=[0.25,1,0];sys=tf(num,den);
sysd=c2d(sys,T,'ZOH');sysbd=feedback(sysd,1)
[dnum,dden]=tfdata(sysbd,'v');%得到传递函数的分子、分母多项式系数数组
pd=roots(dden)%求闭环极点
pdz=abs(pd);%求闭环极点的模
flag1=0;flag2=0;
for i=1:length(pd)
if roundn(pdz(i),-3)>1 flag1=1;end %取小数点后面 4 位精度
if roundn(pdz(i),-3)==1 flag2=1;end
end
if flag1==1 disp('Discrete system is unstable');%一个以上极点在单位圆外不稳定
    else if flag2==1 disp('Discrete system is critical stable');%有极点在单位圆上其余极点在单位圆内临界稳定
    else disp('Discrete system is stable');%所有极点都在单位圆内稳定
    end
end
```

运行结果：

```
sysbd=
      0.7546 z+0.2271
    --------------------
    z^2-0.2637 z+0.2454
Sample time:1 seconds
Discrete-time transfer function.
pd=
   0.1319+0.4775i
   0.1319-0.4775i
Discrete system is stable
```

可得系统是稳定的，两个闭环极点均位于单位圆内。取 $K=5$，运行结果：

```
sysbd=
      3.773 z+ 1.136
    ------------------
    z^2+2.755 z+1.154
Sample time: 1 seconds
Discrete-time transfer function.
pd=
   -2.2393
   -0.5153
Discrete system is unstable
```

可得系统是不稳定的，有 1 个闭环极点位于单位圆外。

(2) $K=1$ 时，取 $T=2s$，运行结果：

```
sysbd=
      1.75 z+0.2492
    -------------------
    z^2+0.7497 z+0.2496
Sample time: 2 seconds
Discrete-time transfer function.
pd=
  -0.3749+0.3302i
  -0.3749-0.3302i
Discrete system is stable
```

可得系统是稳定的。取 $T=3s$，运行结果：

```
sysbd=
      2.75 z+0.25
    ----------------
    z^2+1.75 z+0.25
Sample time: 3 seconds
Discrete-time transfer function.
pd=
  -1.5931
  -0.1569
Discrete system is unstable
```

可得系统是不稳定的，有 1 个闭环极点位于单位圆外。

说明：此例(1)中的 K_{cr} 可通过下面的程序进行计算：

```
>> T=1;den=[0.25,1,0];
for k=0.1:0.002:100
num=k;sys=tf(num,den);
sysd=c2d(sys,T,'ZOH');sysbd=feedback(sysd,1);
[dnum,dden]=tfdata(sysbd,'v');
pd=roots(dden);pdz=abs(pd);flag=0;
for i=1:length(pd)
if pdz(i)>=1 flag=1;end
end
if flag==1 break;end
end
k
```

运行结果为：

```
k=
    3.8620
```

其中:循环语句 for k=0.1:0.002:100 中 0.002 为步长,可以适当调整,太小则计算时间会很长,太大则精度不够。可以验证,若取为 0.01,计算结果为 3.87。同理,也可计算得到此例(2)中 $K=1$ 时,采样周期 T 的临界值为 2.5s。

由这个例题的分析可知,连续系统的稳定性取决于系统的开环增益 K、系统的零极点分布和传输延迟等因素。而影响离散系统稳定性的因素,除与连续系统相同的上述因素外,还有采样周期 T 的数值。

例 6-11 已知某离散系统结构图如图 6-4 所示。其中, $D(z) = \dfrac{2.4z^{-1} - z^{-2}}{1 - 1.2z^{-1} + 0.6z^{-2}}$, $G_1(s)$ 是零阶保持器, $G_2(s) = \dfrac{K}{s^2 + 2s + 1}$, $K = 0.1$, 采样周期 $T = 0.1$s。试求系统的闭环脉冲传递函数,判断闭环的稳定性,并绘制系统的单位阶跃响应曲线。

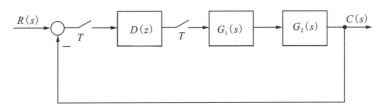

图 6-4 离散系统结构图

在 MATLAB 命令窗口输入程序:

```
>>T=0.1;dnum=[2.4,-1];dden=[1,-1.2,0.6];sysd=tf(dnum,dden,T);
num2=[0.1];den2=[1,2,1];sys2=tf(num2,den2);
sysd2=c2d(sys2,T,'ZOH');syso=series(sysd,sysd2);
sysbd=feedback(syso,1)%闭环脉冲传递函数
[num,den]=tfdata(sysbd,'v');pd=roots(den),pdz=abs(pd);
flag1=0;flag2=0;
for i=1:length(pd)
if roundn(pdz(i),-4)>1 flag1=1;end
if roundn(pdz(i),-4)==1 flag2=1;end
end
if flag1==1 disp('Discrete system is unstable');
else if flag2==1 disp('Discrete system is critical stable');
else disp('Discrete system is stable');
end
end
end
t=0:1:100;dstep(num,den,t);xlabel('t'),ylabel('y'),grid on
```

运行结果如图 6-5 所示,并在命令窗口显示:

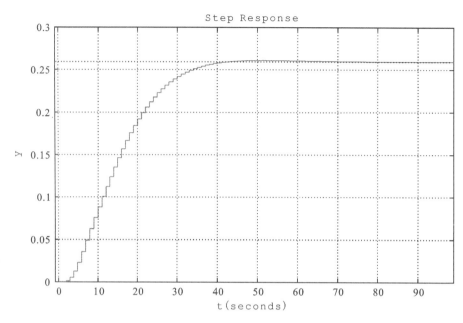

图 6-5　例 6-11 系统单位阶跃响应曲线（$K=0.1$）

sysbd=

　　0.001123 z^2+0.0005826 z-0.0004377
　　-----------------------------------
　　z^4-3.01 z^3+3.591 z^2-2.068 z+0.4908

Sample time: 0.1 seconds
Discrete-time transfer function.
pd=
　0.6011+0.4872i
　0.6011-0.4872i
　0.9037+0.0553i
　0.9037-0.0553i
Discrete system is stable

可知此时离散系统稳定。若取 $K=5$，则运行结果如图 6-6 所示，并在命令窗口显示：
sysbd=

　　0.05615 z^2+0.02913 z-0.02189
　　-----------------------------------
　　z^4-3.01 z^3+3.646 z^2-2.039 z+0.4694

Sample time: 0.1 seconds
Discrete-time transfer function.
pd=
　0.9482+0.4635i
　0.9482-0.4635i
　0.5566+0.3339i

0.5566-0.3339i
Discrete system is unstable

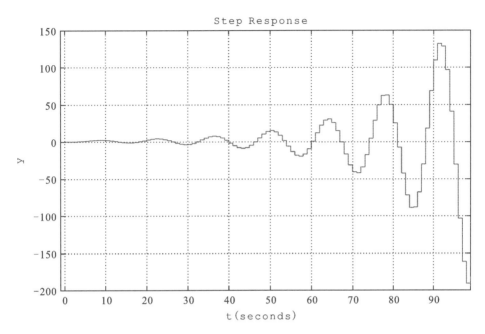

图 6-6 例 6-11 系统单位阶跃响应曲线（$K=5$）

可知此时离散系统不稳定，且有 2 个闭环极点位于单位圆外部。

2. 零极点分布图

应用 zplane 函数可在 z 平面上画出单位圆及闭环零极点分布图，语句格式为：zplane(num,den)，其中 num 和 den 分别表示闭环脉冲传递函数的分子和分母多项式的系数向量。

例 6-12 绘制例 6-11 系统的零极点分布图，判断系统的稳定性。

$K=0.1$ 时，在 MATLAB 命令窗口输入程序：

```
>> T=0.1;dnum=[2.4,-1];dden=[1,-1.2,0.6];
sysd=tf(dnum,dden,T);
num2=[0.1];den2=[1,2,1];sys2=tf(num2,den2);
sysd2=c2d(sys2,T,'ZOH');
syso=series(sysd,sysd2);
sysbd=feedback(syso,1);
[num,den]=tfdata(sysbd,'v');
zplane(num,den),grid on
```

运行结果如图 6-7 所示，可知所有极点均位于单位圆内部，系统稳定。

$K=5$ 时运行结果如图 6-8 所示，可知有 2 个极点位于单位圆外部，系统不稳定。以上两种情况分析结果与例 6-11 的计算结果一致。

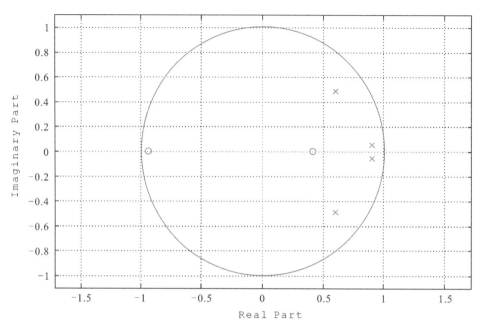

图 6-7 例 6-12 系统零极点分布图($K=0.1$)

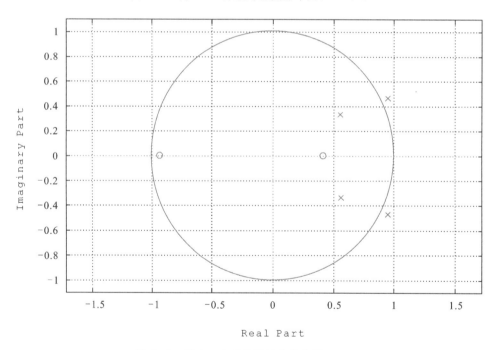

图 6-8 例 6-12 系统零极点分布图($K=5$)

实验内容

题 6-1 求函数 $f(t)=e^{-at}$ 和 $F(s)=\dfrac{1}{s(s+1)(s+2)}$ 的 z 变换。

题 6-2 试用两种方法求函数 $F(z)=\dfrac{5z}{z^2-3z+2}$ 的 z 反变换。

题 6-3 已知离散系统的脉冲传递函数为：$G(z)=\dfrac{2z-0.2}{z^3-0.6z^2-0.01z+0.03}$，用 MATLAB 建立系统的数学模型，并将其转换为零极点增益模型。

题 6-4 已知连续系统的传递函数为：$F(s)=\dfrac{5}{(s+1)(s+2)}$，用零阶保持器法将其离散化，取 $T=0.2\text{s}$。

题 6-5 已知离散系统分别如图 6-1、图 6-2 所示，其中 $G_1(s)=1/(s+1)$，$G_2(s)=2/(s+2)$，$T=0.2\text{s}$，试分别求系统的脉冲传递函数 $G(z)$。

题 6-6 已知某离散控制系统如图 6-3 所示，$G_1(s)$ 是零阶保持器，$G_2(s)=\dfrac{K}{s(s+1)}$，要求：

(1) 若 $T=1\text{s}$，当 $K=2$ 时，试求系统的闭环脉冲传递函数，计算闭环极点，绘制闭环零极点分布图，判断该闭环系统的稳定性，绘制其单位阶跃响应曲线。

(2) 若 $T=1\text{s}$，研究 K 的取值对系统稳定性的影响（$K_\sigma=2.393$）。

(3) 若 $K=3$，研究 T 的取值对系统稳定性的影响（T 的临界值为 0.763s）。

实验七 非线性控制系统分析

实验目的

(1) 了解常见非线性特性,观察其在正弦输入信号下的输出曲线。
(2) 应用 MATLAB 中的 Simulink 分析常见非线性特性对系统运动的影响。
(3) 使用 MATLAB 编程应用描述函数法进行非线性系统的稳定性分析,掌握稳定自振荡频率和振幅的计算方法。
(4) 应用 MATLAB 中的 Simulink 仿真获取非线性系统输出响应曲线,分析系统稳定性,观察稳定的自振荡现象。

实验指导

一、常见非线性特性

实际系统中普遍存在非线性因素,当系统中含有一个或多个具有非线性特性的元件时,该系统称为非线性系统。在很多情况下,非线性系统可以表示为在线性系统的某些环节的输入或输出端加入非线性环节。继电器特性、死区特性、饱和特性、间隙特性、摩擦特性 5 种非线性特性是实际系统中常见的非线性因素。可利用 MATLAB 的函数获得这些非线性特性,这里以饱和特性、死区特性为例说明如下。

1. 饱和非线性特性

饱和非线性特性如图 7-1 所示。
它的函数关系式为:

$$y = \begin{cases} u & |u| \leqslant c \\ c & u > c \\ -c & u < -c \end{cases} \quad (7-1)$$

调用格式:

d = saturation ([-c c]); y = evaluate(d, u);

式中,u 为环节输入;c 为饱和环节特征参数;y 为饱和环节输出。说明:非饱和区直线斜率为 1,左、右饱和区可设置为不对称。

例 7-1 饱和非线性特性输入端加正弦信号 $x(t) = \sin t$,绘制其输出信号,饱和值为 0.7。

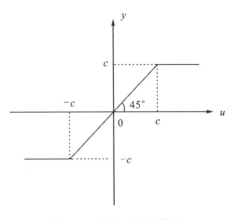

图 7-1 饱和非线性特性

在 MATLAB 命令窗口输入程序：

```
>> t=0:0.02:20;u= sin(t);plot(t,u,'--'),hold on
c=0.7;d=saturation([-c c]);
y=evaluate(d,u');
plot(t,y),grid on,legend('正弦输入信号','饱和特性输出')
```

运行结果如图 7-2 所示。

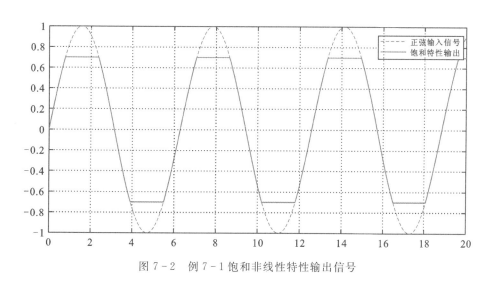

图 7-2 例 7-1 饱和非线性特性输出信号

2. 死区非线性特性

死区非线性特性如图 7-3 所示。
它的函数关系式为：

$$y=\begin{cases} 0 & |u|\leqslant c \\ u-c & u>c \\ u+c & u<-c \end{cases} \quad (7-2)$$

调用格式：
d=deadzone([-c c]);y=evaluate(d,u);
式中，u 为环节输入；c 为死区环节特征参数；y 为死区环节输出。说明：死区外直线斜率为 1，左、右死区可设置为不对称。

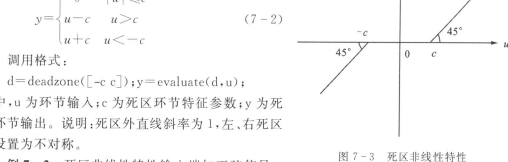

图 7-3 死区非线性特性

例 7-2 死区非线性特性输入端加正弦信号 $x(t)=\sin t$，绘制其输出信号，死区值为 0.3。

在 MATLAB 命令窗口输入程序：

```
>> t=0:0.02:20;u=sin(t);plot(t,u,'--'),hold on
c=0.3;d=deadzone([-c c]);
```

```
y=evaluate(d,u');
plot(t,y),grid on,legend('正弦输入信号','死区特性输出')
```

运行结果如图 7-4 所示。

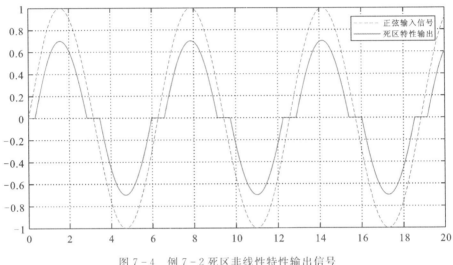

图 7-4 例 7-2 死区非线性特性输出信号

间隙非线性特性、继电非线性特性、具有滞环的继电非线性特性、库仑-粘性摩擦力非线性特性分别可用以下函数实现：y=backlash(u1,u0,y0,c)，y=relaydead(u,c)，y=relaydelay(u1,u0,y0,c,h)，y=friction(u,u1,r,G)。具体使用方法这里不再说明，可自行查找资料。

二、常见非线性特性对系统运动的影响

非线性特性对系统性能的影响是多方面的，为便于进行定性分析，可以采用如图 7-5 所示的一个非线性环节和一个线性部分闭环连接的典型系统结构形式。

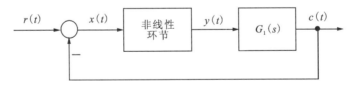

图 7-5 非线性系统的典型结构

为了方便进行系统仿真，这里采用 MATLAB 中的可视化仿真工具 Simulink 来实现，它提供一个动态系统建模、仿真和综合分析的集成环境。在该环境中，无需大量书写程序，而只需要通过简单直观的鼠标操作，就可构造出复杂的系统，被广泛应用于线性系统、非线性系统、数字控制及数字信号处理的建模和仿真中。

启动方式：①在 MATLAB 命令窗口中输入"simulink"；②通过 MATLAB 主窗口的快捷按钮来打开。

启动后可以点击"Blank Model"图标打开一个新的模型编辑窗口，点击"Library Browser"

快捷按钮打开 Simulink 模型库窗口(Simulink Library Browser),这一模型库中含有多个子模型库,如 Sources(输入源模块库)、Sinks(输出显示模块库)、Nonlinear(非线性环节)等。在各库中选择所需要的模块,用鼠标左键点中后拖到模型编辑窗口的合适位置,将各模块按系统结构图连接构成完整的系统,用鼠标左键双击模块并在弹出的窗口中修改、设置模块参数,选择仿真算法并设置好仿真控制参数,就可以启动从而实现控制系统的仿真了。

例 7-3 研究继电非线性特性对系统运动的影响。

图 7-5 系统中非线性环节为具有滞环的继电特性,线性部分采用二阶系统,传递函数为:
$G(s) = \dfrac{1}{s^2 + 1.2s}$,在 Simulink 中构造如图 7-6 所示的仿真框图。

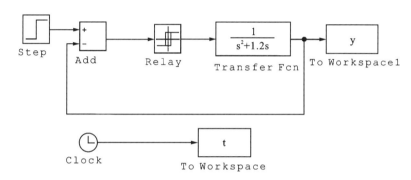

图 7-6 含有继电特性的非线性系统的仿真框图

图 7-6 中各模块的设置说明如下:

(1)Step 模块:双击该模块,出现如图 7-7 所示的参数设置窗口,将 Step time 设置为 0 (默认值为 1),Initial value 和 Final value 分别设置为 0 和 1,即为 0 时刻的单位阶跃信号。

图 7-7 Step 模块参数设置窗口

(2)Relay 模块:双击该模块,出现如图 7-8 所示的参数设置窗口,将 Switch on point 和 Switch off point 分别设置为 0.2 和 −0.2,Output when on 和 Output when off 分别设置为 1 和 −1,即为切换点为 ±0.2、输出值为 ±1 的具有滞环的继电模块。

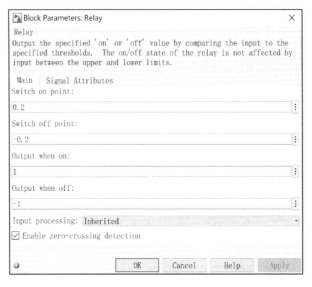

图 7-8　Relay 模块参数设置窗口

(3)Transfer Fcn 模块:双击该模块,出现如图 7-9 所示的参数设置窗口,将 Numerator coefficients 和 Denominator coefficients 分别设置为[1]和[1 1.2 0],即完成了线性部分的传递函数分子、分母多项式设置。

图 7-9　Transfer Fcn 模块参数设置窗口

(4) To Workspace 模块:双击该模块,出现如图 7-10 所示的参数设置窗口,将 Variable name 设置为 t(默认为 simout),Save format 设置为 Array(默认为 Structure)。To Workspace1 模块的设置相类似,只是 Variable name 设置为 y,Save format 同样设置为 Array。

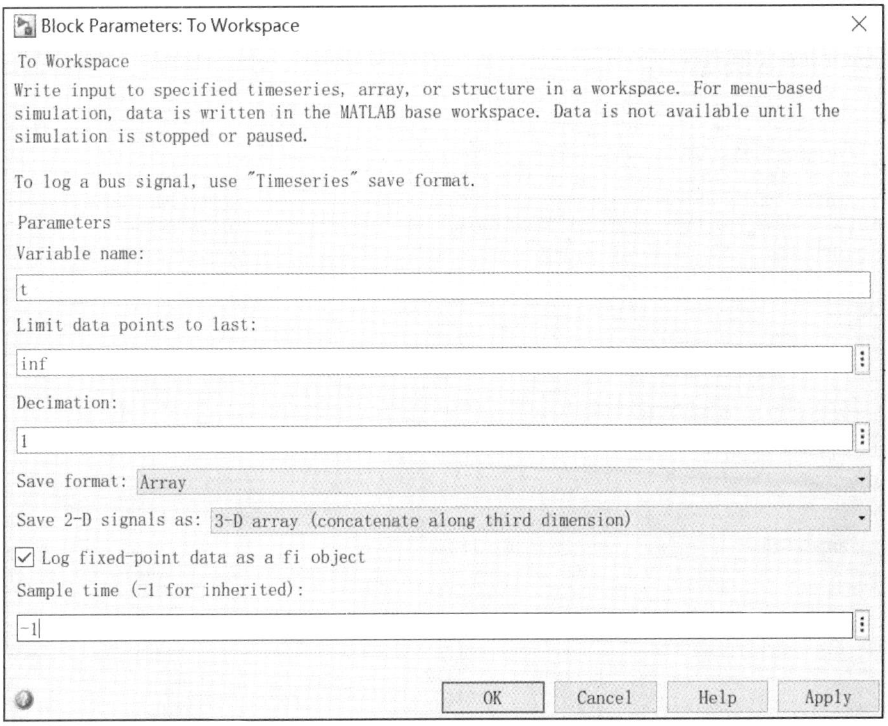

图 7-10 To Workspace 模块参数设置窗口

(5) Clock 模块:双击该模块,出现如图 7-11 所示的参数设置窗口,将 Decimation 设置为 20(默认为 10),即为仿真时间设置。

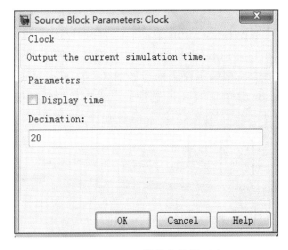

图 7-11 Clock 模块参数设置窗口

(6) Add 模块:此模块相当于结构图中的比较点,双击该模块,出现如图 7-12 所示的设置窗口,将 List of Signs 设置为＋－(默认为＋＋,如果需要也可增加输入信号个数,如设置为＋＋－,即为 3 个信号的求和,默认为 2 个);Icon Shape 选项可设置为 rectangular(矩形,默认)或 round(圆形)。

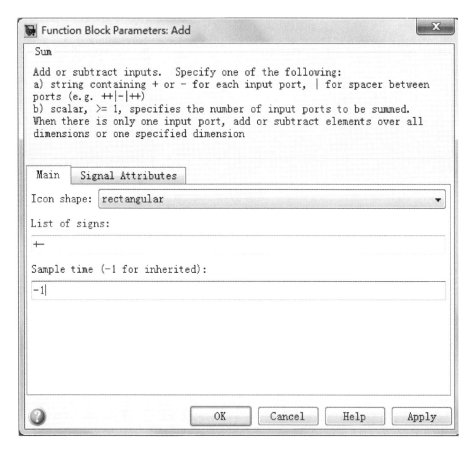

图 7-12　Add 模块设置窗口

各模块设置完成后,可选择 Simulation 菜单下的 Model Configuration Parameters 选项进行仿真参数及算法设置,将 Stop time 设置为 20,其余设置保持为默认即可。

为了进行比较,在同一个模型编辑窗口构造如图 7-13 所示的线性系统,同样进行模块及参数设置后,选择 Simulation 菜单下的 Run 选项或点击三角形快捷键即可启动仿真。

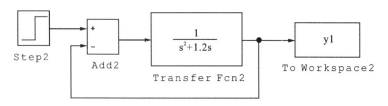

图 7-13　线性控制系统仿真框图

仿真结束后,在 MATLAB 命令窗口输入:

>> plot(t,y,'--',t,y1,'-'),grid on,legend('非线性系统','线性系统')

可得到如图 7-14 所示的仿真曲线,可知继电特性常常使系统产生振荡现象。

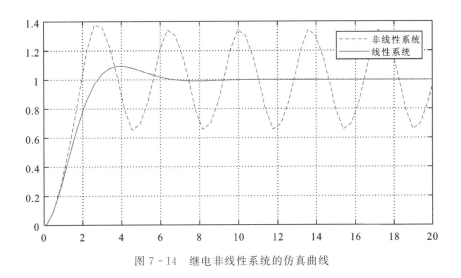

图 7-14 继电非线性系统的仿真曲线

例 7-4 研究死区非线性特性对系统运动的影响。

同例 7-3,构造如图 7-15 所示的包含死区非线性特性的系统仿真框图,其中死区模块的参数设置如图 7-16 所示,将死区值设置为±0.3。可得到如图 7-17 所示的系统输出曲线,可知死区特性最直接的影响是使系统存在稳态误差。

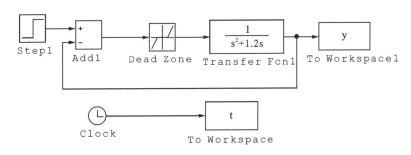

图 7-15 死区非线性系统的仿真框图

饱和非线性特性、间隙非线性特性对系统运动的影响留给大家自行研究。

三、描述函数法分析非线性系统的稳定性

描述函数法是当满足一定假设条件时,将非线性系统近似等效为一个线性系统,并可应用线性系统理论中的频率法对系统进行频域分析,主要用来分析在无外作用的情况下,非线性系统的稳定性和自振荡问题,且不受系统阶次限制,该方法获得了广泛的应用。

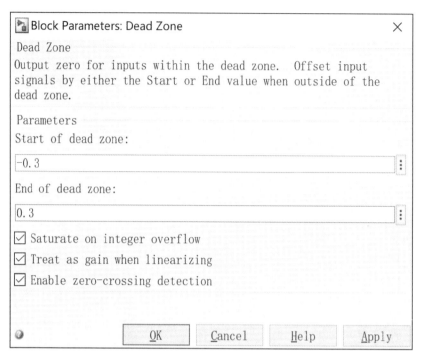

图 7-16 Dead Zone 模块参数设置窗口

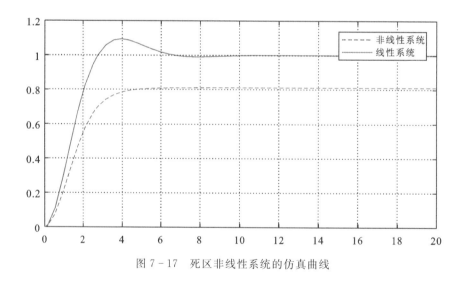

图 7-17 死区非线性系统的仿真曲线

例 7-5 某非线性系统结构图如图 7-18 所示,试用描述函数法判断系统的稳定性。

非线性环节为饱和特性,描述函数为 $N(A)=\dfrac{2k}{\pi}\left[\arcsin\dfrac{a}{A}+\dfrac{a}{A}\sqrt{1-\left(\dfrac{a}{A}\right)^2}\right]$,$A\geqslant a$,由图 7-18 可知,$a=0.5$,$k=1$($a$ 为输入饱和值,k 为线性段斜率)。绘制 Γ_G 曲线与 $-\dfrac{1}{N(A)}$ 曲线,在 MATLAB 命令窗口输入程序:

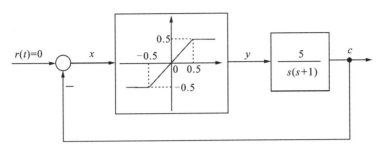

图 7-18 非线性控制系统结构图

```
>> num=[5];den=[1 1 0];G=tf(num,den);
nyquist(G);axis([-3 1 -2 2]);hold on;
A=0.5:0.01:1000;
na=-pi/2./(asin(0.5./A)+(0.5./A).*sqrt(1-(0.5./A).^2));
plot(real(na),imag(na),'--');
legend('G(jw)','-1/N(A)')
```

运行结果如图 7-19 所示，$-\dfrac{1}{N(A)}$ 曲线是负实轴上从 -1 到 $-\infty$ 的部分，Γ_G 曲线与负实轴没有交点，且不包围负倒描述函数曲线，因此系统稳定。由分析亦可知，开环增益 K 取 $0 \to +\infty$，系统均能稳定。注意此题中由非线性特性可知 A 的取值范围是 $[0.5, +\infty)$，终值取一较大的值逼近 $+\infty$ 即可。

注意：向量的乘、除、幂运算需要在运算符前面加点号。

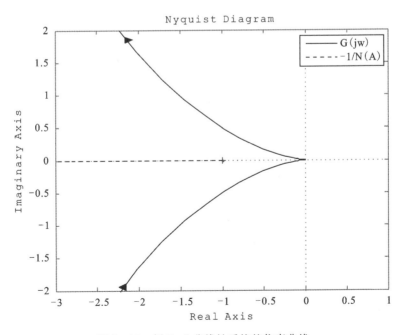

图 7-19 例 7-5 非线性系统的仿真曲线

例 7-6 某非线性系统结构图如图 7-20 所示,试用描述函数法判断系统的稳定性,如果系统存在稳定的自振荡,计算自振荡的频率和振幅。

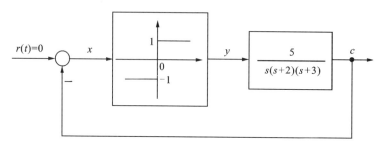

图 7-20 非线性控制系统结构图

由图 7-20 可知,非线性环节为理想继电器特性,描述函数为 $N(A)=\dfrac{4}{\pi A}$,则 $-\dfrac{1}{N(A)}=-\dfrac{\pi A}{4}$。绘制 $\varGamma_G$ 曲线与 $-\dfrac{1}{N(A)}$ 曲线,在 MATLAB 命令窗口输入程序:

```
>> num=[8];den=conv([1,2,0],[1,3]);G=tf(num,den);
nyquist(G);axis([-3 1 -2 2]);hold on;
a=0:0.01:1000;
na=-pi*a/4;plot(real(na),imag(na),'--');
legend('G(jw)','-1/N(A)')
```

运行结果如图 7-21 所示,$-\dfrac{1}{N(A)}$ 曲线是负实轴(从 0 到 $-\infty$),与 $\varGamma_G$ 曲线相交,通过分析可知在交点处系统产生自振荡,且为稳定的自振荡。

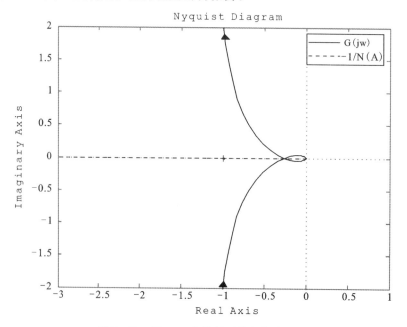

图 7-21 例 7-6 非线性系统的仿真曲线

下面计算自振荡的频率和振幅,在 MATLAB 命令窗口输入程序:

```
>> for w=0.01:0.001:100
g=8/(j*w*(2+j*w)*(3+j*w));
re=real(g);im=imag(g);
if abs(im)< 0.001;break;%求奈奎斯特曲线与负实轴的交点
end
end
w,A=-4*re/pi
```

运行结果:

```
w=
    2.4410
A=
    0.3419
```

可得自振荡振幅 $A=0.3419$,频率 $\omega=2.441$,自振信号 $x(t)=0.3419\sin 2.441t$。可利用微分方程求解绘制出该非线性系统的稳态输出波形。

由 $G(s)=\dfrac{8}{s(s+2)(s+3)}=\dfrac{C(s)}{Y(s)}$,则对应的微分方程为:$\dddot{c}+5\ddot{c}+6\dot{c}=8y$,可得 $\dddot{c}=-5\ddot{c}-6\dot{c}+8y$。令 $\begin{cases} x_1=c \\ x_2=\dot{c}=\dot{x}_1 \\ x_3=\ddot{c}=\dot{x}_2 \end{cases}$,则有:$\dot{x}_3=\dddot{c}=-5x_3-6x_2+8y$。这里 y 为线性环节的输入量,即为非线性环节的输出量。由图 7-20 可知,不考虑 r 的作用,非线性环节的输入量为 $-c$,即 $-x_1$。

在 MATLAB 命令窗口输入程序:

```
>> t=0:0.02:20;x0=[0,1,1]';%x0 为初始值(任取)
[t,x]=ode45(@ sys76,t,x0);%采用四阶-五阶 Runge-Kutta 算法解微分方程
plot(t,x(:,1)),grid on %绘制输出 c 的波形,即为 x1
```

定义函数 sys76 为:

```
function dc=sys76(t,c)
dc1=c(2);dc2=c(3);
if((-c(1))< 0)y=-1;
else y=1;
end
dc3=-6*c(2)-5*c(3)+8*y;
dc=[dc1,dc2,dc3]';
```

注意:MATLAB 中自定义函数的方法请自行查找相关资料。运行结果如图 7-22 所示,可知系统稳态输出波形为稳定的自激振荡,且振荡的幅值和频率与上面的计算结果一致。说明:注意周期与角频率之间的关系。

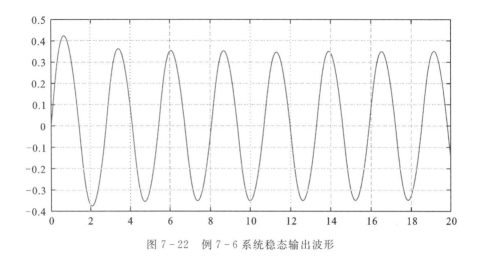

图 7-22 例 7-6 系统稳态输出波形

四、利用 Simulink 研究非线性系统的稳定性与自振荡

例 7-7 对例 7-5 系统,利用 Simulink 研究其稳定性。

构建如图 7-23 所示的具有饱和非线性特性的二阶系统,其中饱和特性饱和值取为 ± 0.5,线性部分传递函数为 $\dfrac{5}{s(s+1)}$,研究非线性系统的稳定性。

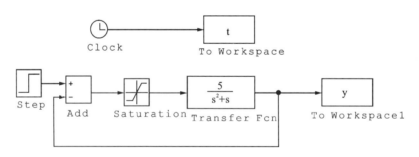

图 7-23 饱和非线性系统仿真框图

在系统输入端分别施加幅值为 1、5 的阶跃信号,系统的输出曲线分别如图 7-24、图 7-25 所示,可知这两种情况非线性系统均是稳定的。将开环增益加大到 $K=50$,同样在系统输入端分别施加幅值为 1、5 的阶跃信号,系统的输出曲线分别如图 7-26、图 7-27 所示,可知系统仍然稳定,与描述函数法分析结果一致。

例 7-8 对例 7-6 系统,利用 Simulink 研究其自振荡现象。

构建如图 7-28 所示的非线性系统,Relay 模块的 Switch on point 和 Switch off point 均设置为 0,Output when on 和 Output when off 分别设置为 1 和 -1,即为理想继电模块。Step 模块设置为 0 时刻的单位阶跃信号。

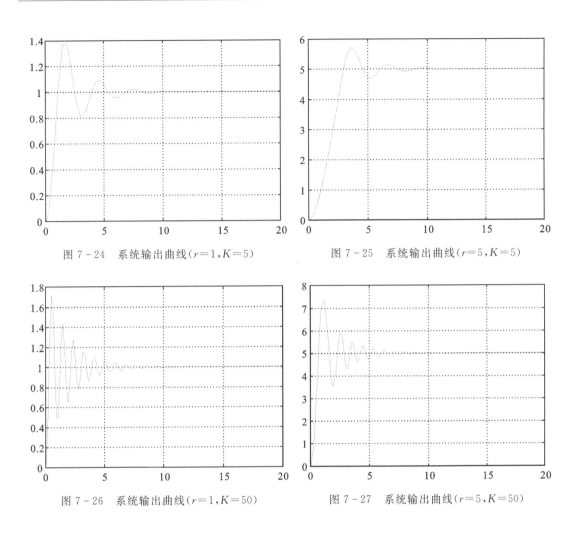

图 7-24 系统输出曲线($r=1, K=5$)

图 7-25 系统输出曲线($r=5, K=5$)

图 7-26 系统输出曲线($r=1, K=50$)

图 7-27 系统输出曲线($r=5, K=50$)

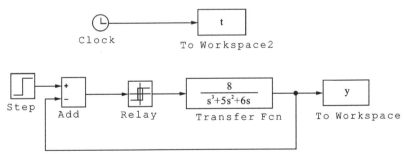

图 7-28 例 7-6 非线性系统仿真框图

可得如图 7-29 所示的仿真曲线,系统输出具有稳定的自激振荡,且振荡的幅值和频率与例 7-6 中的计算结果一致。将 Step 模块设置为幅值为 5 的阶跃输入,可得仿真曲线,如图 7-30 所示,系统输出同样具有稳定的自激振荡,且振荡的幅值和频率与图 7-29 中曲线一致。可以验证,本例中非线性系统自振荡的振幅和频率与输入信号的大小无关。

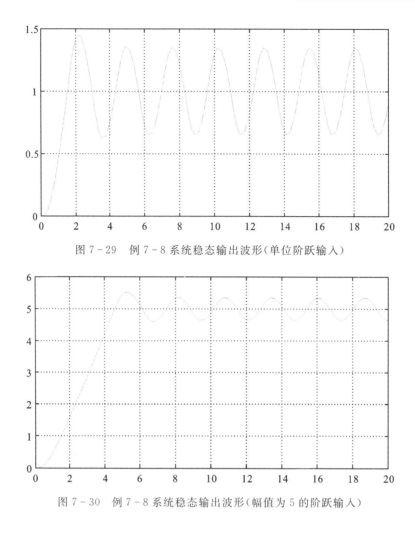

图 7-29 例 7-8 系统稳态输出波形(单位阶跃输入)

图 7-30 例 7-8 系统稳态输出波形(幅值为 5 的阶跃输入)

实验内容

题 7-1 饱和、死区非线性特性输入端加正弦信号 $x(t)=5\sin2t$,分别绘制其输出信号,饱和值为 4,死区值为 2。

题 7-2 利用 Simulink 构造仿真框图,研究饱和非线性特性、间隙非线性特性对系统运动的影响。说明:线性部分取为二阶系统 $G(s)=\dfrac{1}{s^2+1.2s}$,饱和值取为 ± 0.3,间隙非线性特性 Deadband width 参数取为 0.1。

题 7-3 已知非线性系统如图 7-31 所示,其中非线性环节的描述函数为 $N(A)=\dfrac{A+6}{A+2}$ $(A>0)$,$K=1.5$,应用描述函数法计算稳定周期运动的振幅和频率。若 $K=0.5$、$K=2.5$,试分析系统的稳定性。

题 7-4 非线性系统如图 7-32 所示,应用描述函数法分析 $K=10$ 时系统的运动,并确定欲使系统不出现自振荡时 K 的临界值 K_{cr}(注意 A 的取值范围)。

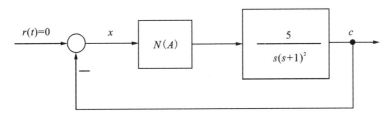

图 7-31　非线性控制系统结构图

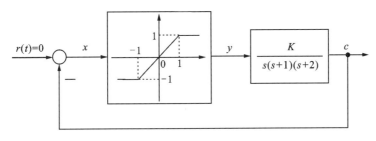

图 7-32　非线性控制系统结构图

题 7-5　利用 Simulink 构建题 7-4 系统的仿真模型,验证 $K=10$ 时非线性系统的自振荡现象,在系统的输入阶跃信号分别为 1 和 5 时记录系统的输出,分析得出相关结论。改变 K 值,观察对自振荡振幅与频率的影响并得出结论。

实验报告要求

每次实验后，应对实验进行总结，对实验数据进行整理，绘制波形和图表，分析实验现象，撰写实验报告。实验报告应包括：

(1) 姓名、学号、班级、指导老师等信息。

(2) 实验名称、实验目的、实验时间、实验设备及条件、实验内容及要求。

(3) 根据各实验内容要求，针对每个题目给出 MATLAB 语言程序及对应的 MATLAB 运算结果（按题目、程序、结果、说明或分析的顺序编排）。

(4) 记录各种输出波形，并对实验结果进行相关分析。

(5) 实验中出现的问题及解决方法。

(6) 实验的收获与体会。

注意：实验报告需要提交纸质版，请双面打印。

说明：本实验指导书所使用的 MATLAB 版本为 R2017a，不同版本在使用时的操作及部分命令的格式或执行结果可能略有差异。

主要参考文献

胡寿松,2013.自动控制原理[M].6 版.北京:科学出版社.

王正林,王胜开,陈国顺,等,2017.MATLAB/Simulink 与控制系统仿真[M].4 版.北京:电子工业出版社.

张涛,王娟,杜海英,等,2016.自动控制理论及 MATLAB 实现[M].北京:电子工业出版社.